鄂尔多斯盆地三叠系碎屑岩储层沉积学研究

林春明　张　霞等　著

科学出版社

北　京

内 容 简 介

本书以沉积岩石学、沉积学和石油地质学等为理论指导，综合利用地质、测井、试井和各种储层测试等资料，采用粒度、岩石薄片、染色薄片、铸体薄片、扫描电镜、电子探针、X射线衍射、元素地球化学等技术手段，以鄂尔多斯盆地西南部镇泾地区中生代三叠纪延长组地层为研究对象，研究了延长组碎屑岩储层的成岩环境、成岩作用、主控因素及其形成演化机制，对储层进行了分类评价与有利区预测，较为深入研究了陆相盆地的碎屑岩储层沉积学特征，为油气勘探开发提供了更多储层地质信息和科学依据。

本书在陆相盆地碎屑岩储层沉积学的研究方法、研究过程等方面均有创新认识和学术价值，是一部理论联系实际的学术专著，可供地质相关科技工作者、高等院校师生阅读和参考。

图书在版编目（CIP）数据

鄂尔多斯盆地三叠系碎屑岩储层沉积学研究／林春明等著. —北京：科学出版社，2024.2
ISBN 978-7-03-077938-0

Ⅰ.①鄂… Ⅱ.①林… Ⅲ.①鄂尔多斯盆地–三叠纪–碎屑岩–储集层–研究 Ⅳ.①P618.130.2

中国国家版本馆 CIP 数据核字（2024）第 019036 号

责任编辑：王 运／责任校对：何艳萍
责任印制：肖 兴／封面设计：图阅盛世

科 学 出 版 社 出版
北京东黄城根北街 16 号
邮政编码：100717
http://www.sciencep.com

北京中科印刷有限公司 印刷
科学出版社发行 各地新华书店经销

＊

2024 年 2 月第 一 版 开本：787×1092 1/16
2024 年 2 月第一次印刷 印张：12
字数：300 000
定价：168.00 元
（如有印装质量问题，我社负责调换）

前　言

油气是一种重要的能源矿产和战略资源，在世界经济发展中占有重要地位。21世纪，各国对未来全球油气资源供求形势和安全问题十分关注。陆相碎屑岩盆地是我国含油气盆地的主要类型，对其内油气资源的勘探开发，最终目的是把存储在碎屑岩储层中的油气高效地开采出来，因此，对盆地内碎屑岩储层的岩石学特征、成岩作用、物性特征、岩石学与物性关系、储层分类评价与有利区预测等研究就成为碎屑岩储层沉积学的主要内容。

本书以沉积岩石学、沉积学和石油地质学等为理论指导，综合利用地质、测井、试井和各种储层测试等资料，采用粒度、岩石薄片、染色薄片、铸体薄片、扫描电镜、电子探针、X射线衍射、元素地球化学等技术手段，以鄂尔多斯盆地西南部镇泾地区中生代三叠纪延长组地层为研究对象，研究了延长组碎屑岩储层的成岩环境、成岩作用、主控因素及其形成演化机制，对储层进行了分类评价与有利区预测，较为深入研究了陆相盆地的碎屑岩储层沉积学特征，为油气勘探开发提供了更多储层地质信息和科学依据。

本书研究内容主要包括以下五个方面：①通过岩石普通薄片、染色薄片、铸体薄片、扫描电镜、电子探针、X射线衍射等测试分析，研究了延长组长6、长8和长9储层岩石学特征，并对储层的岩石成分、含量、结构、构造、颗粒接触关系类型、胶结类型等作了详细分析，为储层评价的开展奠定了基础。研究表明，延长组长6、长8和长9储层主要为浅灰色、灰绿色、褐灰色和深灰色中-细粒长石岩屑砂岩和岩屑长石砂岩，少部分为长石砂岩、岩屑砂岩、岩屑质石英砂岩和石英砂岩。长6储层中以伊蒙混层黏土矿物为主，伊利石和高岭石次之，绿泥石较少，长8和长9储层绿泥石和高岭石含量明显增加。②镇泾地区储层成岩作用类型主要有压实、压溶、胶结、溶蚀、交代等作用，压实和胶结作用破坏原始孔隙，特别是压实作用强烈，颗粒排列紧密，孔隙度、渗透率较小，大多数原生孔隙已被充填；溶蚀、交代作用发育相对较差，它们增加了孔隙度和渗透率；因此，储层孔隙的演化是以孔隙的损失为主要特点，主要表现为特低孔特低渗的基本特征，但在局部层位、局部地区有相对孔隙增加的特点，从而形成相对有利的储层。③对长6、长8和长9油层组储层的微观孔隙结构特征、物性特征进行了系统研究，确定储层具有原生和次生两种孔隙类型，前者主要为残余原生粒间孔，后者是主要储集空间，包括粒间溶孔、粒内溶孔、铸模孔或填隙物内溶孔、自生矿物晶间孔和微裂缝等类型，粒间溶孔最发育；储层喉道以缩颈型、片状和弯片状喉道为主，属于中孔-细喉，连通性较差；长6和长8储层以特低孔超低渗为主，长9储层以中低孔特低渗和中低孔超低渗为特征。④研究区储层物性主要受沉积、成岩、构造、流体等诸多因素的控制，沉积作用对储层的影响实质是对岩石类型和结构组分的影响，决定了砂岩原始孔隙大小及后期成岩作用类型和强度；多种建设性和破坏性的成岩作用改造了储层的物性；构造运动可以有效地改善储层的渗流性；来自烃源岩的富含有机酸流体可改变储层孔隙中的地球化学环境，造成砂岩溶蚀作用的发生及矿物组成和物性条件的改变。⑤在上述研究基础上，结合沉积相、沉积体系演变，对储层下限、储层分类评价与有利区预测进行分析，研究表明，镇泾地区长6油层组砂岩勘探区有利区主要发育长石岩屑砂岩，并含少量的岩屑质石英砂岩，在长6沉积时期，虽然沉积微相发生变化，但是大部分地区处于水下分流河道，裂缝发育，单层砂体厚度大，孔隙度等于或大于7%，平均为10.32%，渗透率等于或大于$0.09×10^{-3}\,\mu m^2$，平均为$1.14×10^{-3}\,\mu m^2$，孔隙类型主要为残余粒间孔，此类有利区总体上为低渗区中的相对高渗区，属于最有利储层分布带和前景良好的勘探区。长8油层组有利储层发育是以三角洲前缘水下分流河道微相为主，岩石类型以长石岩屑砂岩为主，成岩相以绿泥石胶结-长石溶蚀相和弱压实-绿泥石胶结相为主，胶结物中以孔隙衬里绿泥石为主；储层物性中孔隙度大于7%，渗透率大于$0.1×10^{-3}\,\mu m^2$，构造裂缝发育。长9储层岩性下限为油斑细砂岩，物性下限为孔隙度为12.5%，渗透率为$0.4×10^{-3}\,\mu m^2$；电性下限：深感应电阻率为$52\,\Omega\cdot m$，声波时差为$230\mu s/m$。本书提出了HH55井区、HH42井区、HH55-2井-HH51井区和HH104井-HH52-1井区四个有利储层发育区。

　　本书是在张霞博士等人具体负责的几个科研项目基础上的提炼，是笔者及其科研团队多年来在鄂尔多斯盆地油气勘探开发方面部分科研成果较为系统的总结。其中，第1章由林春明、黄舒雅执笔，第2章和第3章由林春明、张霞、李艳丽、黄舒雅执笔，第4章至第6章由张霞、林春明、潘峰、曲长伟、黄舒雅、李健执笔，第7章由林春明、张霞、曲长伟、黄舒雅、陈顺勇、夏长发执笔。全书由林春明、张霞负责汇总编辑。参加本书研究工作的还有周健、徐深谋、姚玉来、张妮等，赵雨潇对少量图件进行了清绘。

　　衷心感谢陈召佑、陈路原、惠宽洋、赵舒、王智、李文玉、李良、刘忠群、张健、王伟、李保林、尹超、靳卫广和屈玉凤等同志的支持和帮助。最后希望本书所述研究方法、学术成果和认识，能对陆相盆地碎屑岩储层沉积学和油气勘探开发提供借鉴和参考。

目　　录

前言

第1章　绪论 ……………………………………………………………………… 1

1.1　储层沉积学 ……………………………………………………………… 1

1.2　储层沉积学展望 ………………………………………………………… 2

1.3　储层沉积学方法 ………………………………………………………… 3

第2章　区域地质概况 …………………………………………………………… 7

2.1　地理概况 ………………………………………………………………… 7

2.2　地质概况 ………………………………………………………………… 8

2.2.1　盆地的构造演化特征 ………………………………………… 8

2.2.2　地层特征 ………………………………………………………… 11

第3章　储层岩石学特征 ………………………………………………………… 16

3.1　岩石成分及特征 ………………………………………………………… 16

3.1.1　长6储层岩石成分及特征 …………………………………… 16

3.1.2　长8储层岩石成分及特征 …………………………………… 19

3.1.3　长9储层岩石成分及特征 …………………………………… 25

3.2　黏土矿物特征 …………………………………………………………… 31

3.2.1　长6储层黏土矿物特征 ……………………………………… 31

3.2.2　长8储层黏土矿物特征 ……………………………………… 35

3.2.3　长9储层黏土矿物特征 ……………………………………… 38

第4章　储层成岩作用研究 ……………………………………………………… 44

4.1　成岩作用类型 …………………………………………………………… 44

4.1.1　压实和压溶作用 ……………………………………………… 44

4.1.2　胶结作用 ………………………………………………………… 45

4.1.3　溶蚀作用 ………………………………………………………… 67

4.1.4　交代作用 ………………………………………………………… 69

4.2　成岩阶段划分 …………………………………………………………… 70

4.3　成岩演化模式 …………………………………………………………… 75

第5章　储层孔隙结构和物性特征 ……………………………………………… 77

5.1　储层孔隙结构特征 ……………………………………………………… 77

5.1.1　孔隙类型及组合 ……………………………………………… 77

5.1.2　微观孔隙结构特征 …………………………………………… 84

5.2 储层的物性特征 ··· 104
　　5.2.1 长 6 油层组储层物性 ··································· 105
　　5.2.2 长 8 油层组储层物性 ··································· 108
　　5.2.3 长 9 油层组储层物性 ··································· 111

第 6 章　储层岩石学与物性关系 ······························ 114
6.1 储层岩性对物性影响 ··· 114
　　6.1.1 长 6 油层组 ··· 114
　　6.1.2 长 8 油层组 ··· 116
　　6.1.3 长 9 油层组 ··· 123
6.2 储层黏土矿物对物性影响 ····································· 126
6.3 储层成岩作用对物性影响 ····································· 127
　　6.3.1 压实作用对物性影响 ··································· 128
　　6.3.2 胶结作用对物性影响 ··································· 128
　　6.3.3 溶蚀作用对物性影响 ··································· 131
　　6.3.4 裂缝对物性影响 ··· 133
　　6.3.5 油气充注对物性影响 ··································· 134

第 7 章　储层分类评价与有利区预测 ······················ 135
7.1 沉积相标志 ·· 135
　　7.1.1 岩石相特征 ··· 135
　　7.1.2 岩石结构与粒度特征 ··································· 137
　　7.1.3 测井相特征 ··· 142
7.2 单井相 ·· 143
　　7.2.1 HH42 井 ··· 143
　　7.2.2 HH55 井 ··· 143
　　7.2.3 HH56 井 ··· 146
　　7.2.4 HH68 井 ··· 146
　　7.2.5 HH69 井 ··· 150
7.3 剖面沉积相和沉积体系 ·· 150
　　7.3.1 剖面沉积相 ··· 150
　　7.3.2 沉积体系类型及模式 ··································· 155
　　7.3.3 沉积体系平面展布特征 ································ 156
7.4 有效储层下限 ··· 159
　　7.4.1 岩性下限 ·· 159
　　7.4.2 物性下限 ·· 160
　　7.4.3 电性下限 ·· 164
7.5 储层分类评价 ··· 164

7.5.1　I_1 类储层特征 ……………………………………………… 165

7.5.2　I_2 类储层特征 ……………………………………………… 166

7.5.3　Ⅱ类储层特征 …………………………………………………… 166

7.5.4　Ⅲ类储层特征 …………………………………………………… 167

7.6　有利储层发育区预测 ……………………………………………… 167

7.6.1　长 6 油层组有利储层发育区 …………………………………… 167

7.6.2　长 8 油层组有利储层发育区 …………………………………… 169

7.6.3　长 9 油层组有利储层发育区 …………………………………… 173

参考文献 ………………………………………………………………… 177

第1章 绪 论

1.1 储层沉积学

　　储层沉积学（Reservoir Sedimentology）是从沉积学派生出来的一个应用学科分支，如同人们所熟知的层序地层学一样。它是综合利用地质、地震、测井、试井等资料和各种储层测试手段研究油气储集体形成的沉积环境、成岩作用及其形成机制，分析与确定储层的地质信息，提高油气勘探与开发效果的一门综合性学科。它是一门主要研究碎屑岩、碳酸盐岩、火山岩和基岩储层的形成、演化、分布，以及其成分、结构、构造等基本特征的科学，是沉积学理论与油气勘探开发实践密切结合的结果（赵澄林，1998）。一般来讲，石油和天然气生成于沉积岩中，也主要储集在沉积岩中。从沉积岩石学、沉积学以及岩相古地理学角度出发，深化对各类油气储层形成的研究，可以为油气勘探开发提供更多科学依据，因此，对储层沉积学的深入研究有着重要的理论和实际意义。储层沉积学的任务是应用沉积学理论和沉积相分析方法与手段，描述各种环境下形成的油气储集体的沉积特征及其非均质性，是沉积学和储层地质学的一个重要分支，属于应用沉积学（Apply Sedimentology）的范畴（赵澄林，1998）。

　　随着20世纪60年代世界上一系列大油气田的发现，石油地质学家与油藏工程师希望以较少的钻井资料，对油气储层的特征与分布做出较为正确的评价与预测，并在勘探开发中取得较好的经济效果，这就要求对油气藏尤其是储层的空间展布与内部物性的变化规律做出科学的描述和预测。由于这些实际生产的需要，运用沉积学来解决石油勘探开发中的储层特征描述及分布问题的理论和方法就应运而生，而且立即引起石油地质学家和油藏工程师们的高度重视，储层沉积学也就随之诞生了。当然对这一学科的问题和内容，沉积学家们早已有很多关注和著述，但是最早以储层沉积学内容为主题在国际学术会议上专门开展讨论的则是美国石油工程师学会1976年秋季年会，主要论文发表于《石油工艺杂志》1977年7月号，当时编者以新的"里程碑"评价这一期刊物，正式以"储层沉积学"命名的是1987年SEPM出版物（裴亦楠，1992）。70年代后期，随着石油工业的迅速发展和各种测试手段的涌现，储层沉积学逐步走向成熟，尤其是80年代以来，现代沉积学、成岩成矿作用研究等与储集层有关的学科或理论有了重要突破，地震及测井数据的处理与解释、油藏描述、计算机模拟、油藏管理等先进的综合技术也有了长足的进展，这些都为油气储集层地质学本身的发展创造了条件。1985年4月在美国的达拉斯召开了第一届国际"储集层表征"技术会议，此后定期举行，标志着油气储层沉积学已进入成熟阶段（姚光庆等，1999）。20世纪末，美国著名石油工程师Richardson把储层沉积学列为2000年提高石油采收率的五大关键因素之一。

　　我国开展储层沉积学研究始于20世纪70年代初期，为适应大庆油田进入全面注水开发，首先开展了大型湖盆河流–三角洲砂体储层的研究工作。随着以渤海湾盆地为主的东部油气田的不断发现和开发，储层沉积学也得到了相应的飞速发展。由于我国的石油地质特点是现有的产油盆地都属陆相湖盆，90%以上的石油储量赋存于陆相碎屑岩储层中，因此，我国储层沉积学一开始就有着自己的特色（裴亦楠，1992）。我国以《储层沉积学》命名的书则是 1990 年中国石油天然气总公司科技情报研究所翻译的 1987 年由 R. W. Tillman 等人编写的论文集，所涉及的内容则是从沉积学的角度来讨论提高石油采收率的地质问题。20 世纪 80 年代中期在裴亦楠先生的倡导下，中国石油天然气总公司设立了"中国油气储层研究"的大课题，它不仅讨论油气开发中提高采收率的问题，同时还涉及油气勘探与开发中许多针对储层研究的沉积学问题。它标志着中国的油气储层沉积学走向了成熟，并且进入全面开花的崭新时期。可以说，今天储层沉积学已应用到油气勘探与开发各个阶段储层的综合评价中，并从石油领域拓展到其他矿产的评价与预测之中（于兴河，2002）。

1.2　储层沉积学展望

目前，新的勘探方法和分析手段提供了详尽而可靠的地质、地球物理、地球化学、油层物理、测试分析等数据。为储层沉积学向多学科、多手段综合研究方向发展创造了条件，使储层研究成为全面、系统的工程（纪友亮，2015）。经过约 50 年的深入研究，储层沉积学进入了全面发展时期，即从勘探到开发各个阶段，从宏观到微观，从定性到定量全方位地对储层进行描述和预测。研究角度更加精细，研究方向更加全面，研究手段更加智能（杨仁超，2006）。研究对象从碎屑岩到碳酸盐岩、再到火成岩、变质岩，从陆相储层到深水、海相储层，从传统的石油天然气资源到页岩气、生物气、可燃冰等非常规天然气，储层综合研究是油气精细勘探开发的先行军。

随着仪器设备和实验方法的进步、地球系统科学的兴起和大数据时代的来临，储层沉积学将会迎来新的发展变革（林春明等，2021）。储层研究将以微观发展带动宏观的进步，更加深入地精细刻画储层物性，并利用先进的计算机手段复刻储层的成因过程、流体渗透过程、配合生产动态化研究，为实际开发提供成熟的方案。一方面，深入的微观研究意味着储层研究更为精细，微观孔隙结构、孔隙中的黏土杂基及自生黏土矿物等不仅对驱油效率有明显的影响，还会对储层产生不同程度的伤害，多种成岩作用对储层物性的多重影响和成岩相的划分界定一定程度上又决定了开发方法的采用，这一系列因素要求精细研究储层的微观非均质性（赖锦等，2013）；另一方面，由定性分析走向定量分析是不可阻挡的趋势，目前国内外将储层沉积学的重点放在讨论建立储层地质模型的技术问题上，模拟和建模技术一直是计算机研究的前沿技术，三维建模技术结合地震技术和测井技术可以更好地再现储层的整体结构，随着微观认识的加深，数值模拟可以发展精细的储层表征与建模技术，在非常精细的尺度上认识储层不同级别的非均质特征，对储层内部性质、驱油模式有更好的研究成果，为油田开发提供依据。大数据时代计算机技术的迅速发展，使得机器学习和深度学习方法解决地质学问题成为重要的研究方向，这为储层研究的智能化和多样化提供了物质前提。基于统计学方法，大数据和机器学习的加入可以更好融入模拟和建模之中，发现地质数据之间的深层联系，提高数据分析能力和模型效果。国内储层地质建模研究已走过 30 年，随着油气藏开发类型的丰富、开发程度的深入以及多学科的协同发展，对地下地质条件的认识将会不断加深、对储层结构的刻画将会更加准确，储层地质建模将迎来更大的发展。中国储层地质建模未来发展方向体现在：①深化基础理论研究；②完善建模技术和建模方法；③加快推进建模软件的国产化（贾爱林等，2021）。此外，多学科协同研究以及新型交叉学科的兴起必然是储层沉积学发展的又一大趋势，在过去储层研究过程中，沉积学、层序地层学、测井地质学、地震地质学、地球化学等学科与储层沉积学的交叉融合极大促进了储层综合研究的发展，并且产生了地震储层学、储层地球化学等新兴学科。大数据时代的来临和人工智能的发展带来了新的机遇和挑战，精细储层综合研究必将与多种学科、技术手段的发展齐头并进、交融渗透。未来的储层沉积学一定是集精细化、智能化、立体化为一体的服务于油气勘探与开发的综合性学科（林春明等，2023a）。

1.3 储层沉积学方法

沉积岩石学的研究方法包括野外和室内两方面，野外和室内要紧密结合。野外研究极其重要，是室内研究的基础，室内研究是野外研究的继续和深入，也是对野外初步认识正确与否的检验，定量分析和综合研究是使沉积岩石学不断向前的有效方法（林春明等，2021）。野外研究可初步鉴定沉积岩（物）的颜色、岩性、结构和构造，测量岩层厚度和产状，观察岩层之间的接触关系及其他成因标志等；并将所观察内容作详细记录，编制剖面图，结合其他学科知识，对沉积岩（物）的成因、沉积环境等进行初步解释和判断。室内研究主要是利用各种仪器和技术方法在微观方面对沉积岩进行观察、测试和分析，以提高地质研究的深度、广度和精确度（林春明等，2021）。

储层沉积学的研究对象是沉积岩石的一种类型，即储集体，其研究方法也包括野外和室内两方面，野外和室内也要紧密结合才能把储层沉积学做得更好。当所研究的储层在盆地周缘或附近有出露时，野外研究是一种既直观又相对准确可靠的良好方法，相同沉积体系的露头研究对推理地下油气储层特征，尤其是宏观特征具有积极作用或理论指导意义（林春明等，2023a）。具体地，野外研究可以对剖面露头进行沉积相标志分析，基于露头的储层构型研究是通过剖面观察、镜下薄片观察、粒度分析等方法明确储层岩石学特征（岩石颜色、结构、层理等），还可以应用露头沉积特征和手持伽马能谱仪进行层序界面识别，在剖面上划分岩相类型和不同级次的构型界面，分析单砂体内部在垂向上的岩相序列组合特征，通过测量单砂体的宽厚比，用定量研究的方法明确不同储层构型单元的规模、露头沉积特征，垂向岩相组合以及构型单元在剖面上的叠置特征（曹晶晶，2020）。除了传统的地质野外调查方法，也逐渐发展起了一些新的技术手段。如利用三维激光扫描技术研究露头区裂缝发育规律和探讨其主控因素，为认识裂缝宏观分布提供了新手段，其耗时短，数据量大，可操作性强，能够有效建立数字化露头模型和定量获取建模参数，极大地提高了解释精度和准确性（曾庆鲁等，2017）。

一般来说，储层沉积学室内研究方法主要包括地质学、地球物理、地球化学和交叉学科方法等，近年来随着仪器和分析手段尤其是计算机手段的发展，储层沉积学也逐渐从定性走向定量，从宏观走向精细，多种新兴交叉学科得以涌现，因此，可以用交叉学科方法予以补充。

1. 地质学方法

储层沉积学的地质学方法主要是矿物成分与结构分析，多基于细致的薄片观察与鉴定。薄片主要包括普通岩石薄片、铸体薄片及荧光薄片。普通岩石薄片鉴定可对岩石成分、结构构造、成岩作用等进行分析，并最终定名。铸体薄片和图像分析主要应用于储层储集空间研究，包括孔隙类型、孔隙含量、孔隙连通性、喉道的分布以及孔喉关系等。荧光薄片主要应用于判别烃类的产状和含量、生油岩成熟度判别、油气的运移方向以及油水界面等。近年来有人以砂岩薄片微观图像为例，研究了岩石颗粒与孔隙系统数字图像识别、定量化和统计分析方法（刘春等，2018）。通过多颜色分割和去杂等操作获得二值图像；提出改进的种子算法来封闭特定直径的孔喉，并自动分割和识别不同的孔隙和颗粒；引入了概率统计的方法，实现了由二维颗粒面积计算颗粒系统的三维分选系数；使用概率熵和分形维数分别来描述颗粒和孔隙的定向性和形状复杂度的变化等（刘春等，2018）。此外，粒度作为沉积岩最基本和最主要的结构特征，是影响储层物性的重要因素（邓程文等，2016）。沉积物粒度分布特征是衡量沉积介质能量，判别沉积环境和水动力条件的最基本方法之一（潘峰等，2011）。常用的粒度分析方法有直接测量法、筛析法、沉降法、场干扰分析法和图像法，储层岩石的粒度分析通常采用普通薄片分析法测量碎屑颗粒的粒径和含量。除了薄片研究及粒度分析等常规的方法外，还不断涌现出一系列先进的测试手段，如扫描电镜、电子探针、X 射线衍射、阴极发光、色谱–质谱分析、核磁共振岩心分析等实验测试技术，推动了储层研究不断向更精细、更多样的领域发展（林春明等，2021，2023a）。

水槽实验自 20 世纪初用于研究水动力条件以来，解决了许多砂体的成因机理问题，模拟了河流、三角洲、浊流沉积的地貌和地质特征，以及解释了在此动力条件下沉积物波痕、层理等一些沉积构造的发育情况，该实验仍是沉积学中一个重要的基础试验手段。

2. 地球物理地震方法

地震沉积学是以现代沉积、层序地层学和地球物理学为理论基础，利用三维地震资料及地质资料，从沉积角度研究地层宏观沉积特征、沉积体系发育演化、砂体成因和分布、储层质量及油气潜力的一门交叉地质学科（林承焰等，2017）。

地球物理测井技术贯穿油气勘探开发全过程，测井系列包括电阻率、中子、密度、温度、核磁共振、自然伽马、声波、成像测井等。测井方法除进行沉积相分析，还可以利用测井数据和资料来求取储层物性参数，在实际操作过程中，使用不同的测井曲线可以计算不同岩性的储层孔隙度、渗透率及含油饱和度等。随着测井方法在储层沉积学中的广泛应用，与之相配套的评价方法也不断发展，结合相对应的数值计算模型甚至是机器学习方法，可以利用测井数据对储层的有机碳的含量、微观孔隙结构、构造裂缝、成岩相等内容进行研究（申本科等，2014；王濡岳等，2015）。

3. 地球化学方法

利用主微量元素、同位素特征研究储层的成因机理，进行流体运移示踪、判断有机质成熟度等（李让彬等，2021）。在与地球化学交叉发展的过程中，形成了储层地球化学分支学科，其直接描述储层内石油的注入和混合过程、沥青的出现对孔隙度和渗透率的影响、储层内石油的种类和空间分布以及储集砂体的连通性等重要信息，研究内容涵盖水–岩相互作用、生物降解作用及有机–无机作用等。地球化学方法的研究结果能够帮助确定储层流体的连通性、油气充注史、储层中产出的流体的变化、单个产层带的分布及多个产层带中单层的产能贡献等重要信息。此外，还可以解决天然气藏中非烃类化合物、烃类气体、生物成因气和煤层气的形成、排出问题、混源气中不同成因气的比率确定及有机质热降解的化学研究等一系列问题。

4. 交叉学科方法

储层沉积学中的层序地层学，尤其是高分辨率层序地层学已成为地层成因解释和地层对比的一个有用工具，通过高分辨率层序地层学分析可以建立地层形成和演化的等时地层格架，将储层对比研究纳入该等时地层格架中，有利于进行储层的精细描述与对比。

随着数据科学的持续发展，数据的获取、共享和分析能力都取得了巨大的进步，在各个领域引发了广泛的讨论，并成为一种日渐重要的研究方法。数据的价值越来越得到凸显，人们会想办法反复地、高效地、更深层次地挖掘数据蕴含的信息。在储层研究领域，精细油藏描述研究中收集的海量数据为大数据技术的应用提供了丰富的数据基础和条件。目前，大数据技术已广泛应用于国内外储层研究中，在岩心岩相分类、地层自动精细划分对比、地震资料解释、储层沉积微相（或储层构型）自动批量判别、测井精细批量二次解释、聚类分析储层综合定量评价、油气"甜点"预测和多点地质统计学三维地质建模等多个方面都有显著的进展（李阳等，2020；陈欢庆等，2022）。

在充分吸收、消化、综合前人研究成果基础上，以沉积岩石学及石油地质学理论为基础，运用沉积学、元素地球化学、储层地质学的技术和分析方法，从岩心及其化验分析资料出发，利用钻井、录测井、区域地质等资料，首先确定三叠系延长组长6、长8和长9油层组各类岩性体岩石学特征、沉积环境及沉积相变化规律，进而进行沉积体系分析和沉积演化分析，探讨砂体空间展布特征，同时利用常规薄片、铸体薄片、扫描电镜、电子探针等资料对储层微观结构进行精细表征和评价。在此基础上，分析砂岩储层在垂向上和平面上的分布和发育特征，并最终进行延长组砂岩储层的有利区带预测（图1-1）。

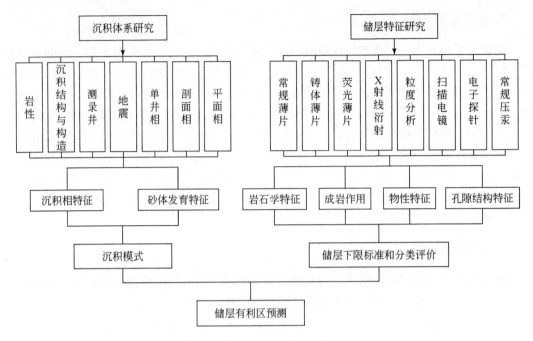

图 1-1　储层精细描述与评价技术路线

第2章 区域地质概况

2.1 地 理 概 况

鄂尔多斯盆地地理上位于中国中西部地区，横跨陕、甘、宁、蒙、晋五省区，包括宁夏大部，甘肃陇东地区庆阳市、平凉市，陕北地区延安市、榆林市，关中地区的北山山系以北区域，内蒙古黄河以南鄂尔多斯高原的鄂尔多斯市。北起阴山，南抵秦岭，西自贺兰山、六盘山，东达吕梁山，总体显示为一东翼宽缓、西翼陡窄的不对称大向斜的南北向矩形盆地（图2-1），总面积约 $3.7×10^5$ km^2，是当今世界上最大的典型陆相沉积盆地之一（林春明等，2020）。

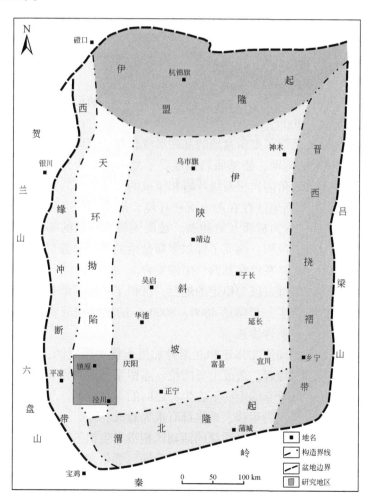

图 2-1 鄂尔多斯盆地镇泾地区大地构造位置图

镇原–泾川（简称镇泾）地区位于甘肃省东部，该区大地构造上位于鄂尔多斯盆地西南部，构造区划上属于鄂尔多斯盆地西缘天环向斜的南段（图 2-1）。地理位置为东经 106°54′18″ ~ 107°40′4″，北纬 35°11′30″ ~ 35°59′00″，面积约 4000 km²。其中包括镇原、泾川两个区块，即"镇原中生界油气工业勘探区带"，面积 460 km²；"泾川中生界油气工业勘探区带"，面积为 2051.15 km²，两个区块的总面积为 2511.15 km²。镇原、泾川油气区带是中石化华北石油局登记的两个排他性区块，行政区划上属于甘肃省东部的镇原、泾川、崇信三县管辖。该地区属暖温、半干旱大陆性气候区，冬春寒冷干燥，夏秋温热多雨，年平均气温 10.7℃，日照 2296 小时，降水量 400 ~ 580 mm，无霜期 190 天左右。地处黄河中游黄土高原沟壑区，是陇东黄土高原的主要组成部分，地势西北高东南低，高差约 300 m，平均海拔 1200 m。县乡之间有简易公路贯通，向外不远就有主干公路和高速公路与银川、兰州、西安等大中城市相连，交通较为便利。原油销往西安石化，运输距离 300 km 左右。

2.2　地 质 概 况

2.2.1　盆地的构造演化特征

鄂尔多斯盆地原属于华北地台的一部分。因此，该盆地的形成和演化与华北地台的演化密切相关（林春明等，2009，2010）。

新太古代—古元古代是鄂尔多斯盆地的基底形成时期，其间经历过迁西、阜平、五台及吕梁–中条 4 次主要构造运动，使基底岩系经受了复杂的变质作用、混合岩化作用和变形作用，形成由麻粒岩相、角闪岩相及绿片岩相组成的复杂变质岩系。

中–新元古代，鄂尔多斯地区存在两大沉积环境，周缘为厚度较大的拗拉槽沉积，为浅海碎屑岩建造和浅海–半深海硅质灰岩建造。被周围裂陷环绕的鄂尔多斯本部地区为厚度很薄或缺失的槽间台地型沉积，构成了鄂尔多斯盆地的第一套盖层。晋宁运动使其缺失新元古界青白口系沉积，震旦系仅在其西、南缘发育。

早古生代，鄂尔多斯本部表现为稳定的地台，沉积了一套滨海相含磷碎屑岩建造和浅海相碳酸盐建造，周缘发育了一套厚达 4000 ~ 8000 m 的地槽型沉积，主要为滨海砂泥质组成的复理石建造和火山碎屑岩建造。

中奥陶世末，加里东运动使北祁连和北秦岭加里东优地槽封闭，并与华北地台拼合，从而使鄂尔多斯地区大面积隆起，造成上奥陶统、志留系、泥盆系和石炭系的密西西比亚系缺失，形成了区域上广泛分布的上、下古生界之间的不整合面。奥陶系顶部的风化壳古岩溶带对鄂尔多斯盆地天然气的运移、聚集都有重大意义。

晚古生代经加里东运动后，地台周缘的活动区相继发生褶皱转化为稳定区，鄂尔多斯地区进一步与华北地区统一发展。密西西比世晚期，鄂尔多斯本部随同华北地台一起表现为继承性的克拉通拗陷，并再次接受海侵，华北海和祁连海分别从东、西两侧侵入鄂尔多斯地区且被中央隆起相隔，在盆地的西缘一带和东部地区接受了一套海陆交互相的羊虎沟组和本溪组沉积。至宾夕法尼亚世，鄂尔多斯地区及其周缘广泛地遭受海退，沉积环境由海相变为陆相，气候由潮湿变为干旱，沉积由拗陷型变为广覆型，中部古隆起渐趋消失，内部与周缘地区的构造差异逐渐变小。在东部和西北缘一带发育了一套海陆交互相的太原组含煤碎屑沉积，沉积厚度在石嘴山—中宁一带较厚，但厚度具有向东越过鄂尔多斯范围继续增厚的趋势，表明本阶段它属于华北泛沉积盆地的一部分，太原组沉积时期，由于东西海域扩大，从而结束了以中央古隆起为界的东、西分隔的沉积面貌，形成了连片的太原组沉积，宾夕法尼亚世晚期，由于海西运动的影响，海水从东、西两个方向逐渐退出，沉积环境发生重大的变革，即从石炭纪以海相沉积为主的沉积环境，逐渐演变为早二叠世以陆相为主的沉积环境。至二叠纪，鄂尔多斯地区与我国北方大陆一起，进入了以陆相沉积为主的发育时期。

早二叠世山西组沉积时期，鄂尔多斯地区广泛发育了一套陆相含煤碎屑沉积，山西组与下伏太原组两套地层构成了鄂尔多斯地区最早的一套煤系，即石炭—二叠系煤系。山西组沉积后期，古气候发生了很大的变化，由湿润型演变为干旱炎热型，不利于含煤地层的形成，加之北部内蒙古陆进一步抬升，物源供给能力增强，形成冲积扇、河流和三角洲沉积体系，湖区面积南移并有所缩小。下二叠统下石盒子组、上二叠统上石盒子组和石千峰组同样在鄂尔多斯地区广泛分布，为陆相砂泥岩沉积。晚二叠世上石盒子组沉积时期，湖区范围扩大，水系退缩，河流三角洲沉积逐渐萎缩，并被广阔的厚约 $100 \sim 160$ m 的湖相沉积覆盖。

晚二叠世石千峰期，三角洲-湖泊沉积体系进一步退化，沉积环境完全成为大陆体制，形成石千峰组红色沉积建造，并结束了晚古生代的演化历史。

中生代时，鄂尔多斯地区则为大华北盆地西部的一个主体拗陷，三叠系沉积厚度达千米。发育了延长组湖泊-三角洲相含油层系。晚三叠世湖盆的沉积演化经历了早期初始沉降，中期到加速扩张，再到晚期的萎缩，最后直到湖盆的消亡。鄂尔多斯盆地从延长组的长 10 期开始发育，围绕湖盆中心，形成一系列环带状三角洲裙体，进入长 9 期快速下沉，并将长 10 期的三角洲体系全部淹没水下。到了长 8 期，湖盆规模和水深均已加大。湖盆西岸陡峭、东岸平缓，沉积体系的突出特征是：西部发育各种近源快速堆积的粗粒扇三角洲和辫状河三角洲，东部发育一连串三角洲。西岸存在规模较大的镇原辫状河三角洲，是这一时期的突出特征之一。长 7 期湖盆发展到全盛期，盆地大范围被湖水淹没，深湖区的面积也急剧扩大，湖盆沉积格局与长 8 期基本相似。进入长 6 期，湖盆下降速度放缓，湖盆相对稳定，沉积作用大大加强。到长 4+5 期，盆地再度沉降，湖侵面积有所扩大。直至长 3、长 2 到长 1 期，湖盆逐渐消亡。沉积总体显示为西厚东薄、南厚北薄的态势。侏罗纪沉积末期的燕山运动在盆地西缘表现为大规模的冲断，并在冲断前缘沉积了厚达千米的白垩系陆相碎屑岩，盆地东部整体抬升形成大型区域斜坡。

从古近纪开始，在欧亚板块和印度板块相互作用下，鄂尔多斯盆地本部相对隆升，而其周边地区却相继断陷形成一系列地堑，近东西向延伸的有南缘的渭河地堑、北缘的河套地堑，近南北向延伸的有银川地堑和清水河地堑。

鄂尔多斯盆地总体显示为一东翼宽缓、西翼陡窄的不对称大向斜的南北向矩形盆地。盆地边缘断裂褶皱较发育，而盆地内部构造相对简单，地层平缓，一般倾角不足 1°。盆地内无二级构造，三级构造以鼻状褶曲为主，很少见幅度较大，圈闭较好的背斜构造发育。根据现今的构造形态，结合盆地的演化历史，鄂尔多斯盆地可划分为六个一级构造单元，即北部伊盟隆起、西缘冲断带、西部天环拗陷、中部伊陕斜坡、南部渭北隆起和东部晋西挠褶带（图2-1）。

　　天环拗陷在古生代表现为西倾斜坡，晚三叠世才开始拗陷，盆地西部在延长组时为沉降中心，侏罗纪、白垩纪拗陷继续发展，沉降中心向东部迁移，沉降带具有西翼陡东翼缓的不对称向斜结构。

　　镇泾地区位于甘肃省东部，该区大地构造上位于鄂尔多斯盆地西南部，构造区划上属于鄂尔多斯盆地西缘天环向斜的南段，构造东高西低，地层向西平缓倾斜，局部发育小幅度低洼地带，构造相对比较简单（图2-2）。平面沉积相为辫状河三角洲前缘亚相沉积，主要有水下分流河道、水下分流河道间和河口坝沉积微相（张霞等，2011a，2011b；Zhang et al.，2012）。

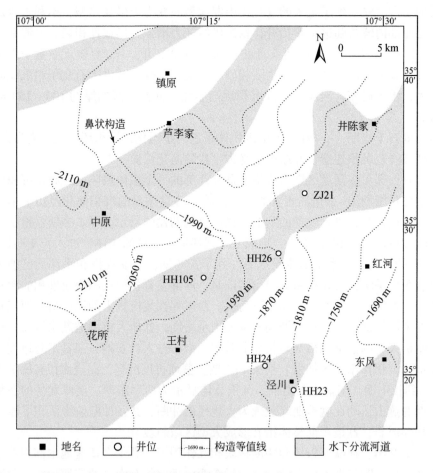

图 2-2　镇泾地区长 8 油层组顶部构造等值线及沉积相分布（改自 Zhang et al. ，2012）

2.2.2　地层特征

从地质特性看，鄂尔多斯盆地是一个整体升降、拗陷迁移、构造简单的大型多旋回克拉通盆地，基底为新太古界及古元古界变质岩系，沉积盖层有长城系、蓟县系、震旦系、寒武系、奥陶系、石炭系、二叠系、三叠系、侏罗系、白垩系、古近系、新近系、第四系等，总厚 5000~10000 m。主要油气产层是中生界的三叠系、侏罗系以及古生界的奥陶系。

钻井及地球物理资料揭示镇泾地区中生界自下而上主要发育有三叠系、侏罗系中下统、白垩系下统。上三叠统延长组上部受晚印支运动的影响而剥蚀缺失，下侏罗统延安组上部受燕山构造运动的影响而剥蚀缺失，在研究区上三叠统延长组与下侏罗统延安组呈角度不整合接触，这明显有别于盆地内部；镇泾地区钻井揭露地层平均厚度 2000 m 左右，自上而下有第四系，白垩系志丹群，侏罗系安定组、直罗组、延安组，上三叠统延长组（有的钻井未穿）。其中，晚三叠世延长期是鄂尔多斯盆地最为重要的地质构造发育阶段，亦是主要生储油层发育时期。上三叠统延长组大约以北纬 38° 为界，北部沉积物粗，厚度小（100~600 m），南部沉积物细，厚度大（1000~1400 m）。盆地西缘局部地区加厚，超过 2400 m。

延长组是本书研究的目的层段。根据岩性及古生物组合，延长组自下而上可划分为五段，即 T_3y_1 至 T_3y_5，钻井显示，镇泾地区内延长组第五和第四段缺失，第三段为残留厚度，第二段以下地层发育完整，厚度基本稳定；同时，根据油层纵向分布规律自上而下又可划分为 10 个油层组，即：长 1 至长 10（表 2-1；林春明等，2009，2010，2012；张霞等，2011a，2011b，2012）。

1. 延长组第一段（T_3y_1）

厚度比较稳定，一般在 250~300 m，相当于长 10 油层组。

以河流、三角洲及部分浅湖相沉积为主，以厚层、块状细至粗粒长石砂岩为主，普遍见麻斑状结构，南厚北薄。视电阻率曲线一般呈指状高阻，自然电位（SP）曲线表现为块状负异常，自然伽马（GR）值低且呈箱形。本段岩性和电性特征明显，是井下地层对比划分的重要标志层之一。

2. 延长组第二段（T_3y_2）

厚度一般在 200~250 m，相当于长 9 和长 8 油层组。

本段与 T_3y_1 比较，沉积范围大幅度扩展，总的特点是北东部粗而薄（以至尖灭），西南缘细而厚，发育一套黑色泥页岩。上部相对较粗，细砂岩相对集中。盆地南部广泛发育黑色页岩及油页岩，与上下地层相比电阻率值、自然伽马值较高，声波时差与长 10 油层组相比值较高且呈锯齿状。盆地东部佳芦河以北到窟野河地区，中段油页岩分布稳定，称"李家畔页岩"，为地层对比的重要标志，在镇原地区与上覆长 8 界线比较明显，盆地北部及南部周边地区黑色页岩或油页岩为砂质页岩、泥质粉砂岩所代替，电性高阻层消失。

表 2-1　鄂尔多斯盆地三叠系上统延长组地层划分方案

组	段	油层组	小层	厚度/m	划分依据
延长组	T_3y_5	长1		20～230	暗色泥岩、泥质粉砂岩、粉-细砂岩不等厚互层,夹碳质页岩或煤层
	T_3y_4	长2		60～120	浅灰色砂岩夹灰色泥岩,砂岩粒度较粗
		长3		80～160	灰色细砂岩夹暗色泥岩,自然电位偏负呈箱状或指状,视电阻率曲线呈细齿状
	T_3y_3	长4+5	长4+5^1	30～50	暗色泥岩、碳质泥岩、煤线夹薄层粉-细砂岩
			长4+5^2	30～50	浅灰色粉细砂岩与暗色泥岩互层
		长6	长6^1	35～45	浅灰色粉细砂岩夹暗色泥岩
			长6^2	35～45	褐灰色块状细砂岩夹暗色泥岩
			长6^3	35～40	灰黑色泥岩、泥质粉砂岩,粉细砂岩互层,夹薄层凝灰岩
		长7	长7	80～100	底部为"张家滩页岩",视电阻率曲线呈薄-厚层状高组段
	T_3y_2	长8	长8^1	35～45	灰色粉细砂岩夹暗色泥岩、砂质泥岩
			长8^2	40～45	灰色、浅灰色块状细砂岩夹暗色泥岩
		长9	长9$_1$	35～40	砂体相对发育,自然伽马曲线显示相对低值
			长9$_2$	55～65	砂岩在此段一般发育较差,出现高绿帘石、高榍石组合
	T_3y_1	长10	长10	250～300	以厚层块状砂岩为主,可见麻斑状结构,视电阻率曲线呈指状高阻,自然电位大段偏负

本段为延长组重要生油层之一。下部泥页岩段为长9油层组,上部砂岩相对集中段为长8油层组。长9油层组在区域上为生油层之一,长8油层组为产层。长9下部开始出现高绿帘石、高榍石组合段,至长8出现了含喷发岩碎屑的高石榴子石段,特征明显而突出,是区域性岩矿对比的主要依据。

3. 延长组第三段（T_3y_3）

厚度一般在300 m左右,相当于长7、长6和长4+5油层组。

本段在盆地广大地区均有出露和保存,仍然表现为南厚北薄,南细北粗,是一套砂泥岩互层。在盆地南部顶、底均以厚层黑灰色泥岩为主,底部最为发育油页岩或碳质页岩,俗称"张家滩页岩",是区域对比的标志层。砂岩主要集中于中部,含黄铁矿。本段按沉积旋回划分为长4+5、长6、长7油层组,长4+5和长7均以泥页岩为主,是主要生油层,长6以砂岩为主,是主要油层之一。本段的视电阻率曲线呈梳状,长7底部油页岩或碳质页岩常呈薄-厚层状高阻段,是划分标志之一,自然电位曲线以平直曲线为主,在砂岩发育部位常呈倒三角形特征。

4. 延长组第四段（T_3y_4）

厚度一般在250～300 m,相当于长3和长2油层组。

除在盆地南部边缘及西南部遭受剥蚀或缺失外,全盆均有出露和保存。本段岩性较单一,全盆地基本一致,主要为浅灰、灰绿色中-细粒砂岩夹灰黑色、深灰色、灰色粉砂质泥岩或泥岩，砂岩呈巨厚块状，具微细层理，泥质、钙质胶结。

本段岩性在盆地中仍是北粗南细。上部砂岩集中段粒度相对较粗，通常划分为长 2 油层组，下部砂岩集中段粒度相对较细，通常划分为长 3 油层组。本段电性特征明显，自然电位偏负呈箱状或指状，视电阻率呈细齿状。

5. 延长组第五段（T_3y_5）

本段相当于长 1 油层组，由于遭受后期剥蚀，延长组第五段在盆地北、西、南部均遭到程度不同的侵蚀，尤以盆地南部最甚。在盆地南部残存厚度一般 20 ~ 230 m，南缘及西南部缺失无存。

下部砂岩较集中部位常含油，在直罗、华城地区含油较好，砂岩的自然电位偏负，厚层的自然电位呈箱状，薄层呈梳状。视电阻率呈幅度不大的锯齿状。

镇泾地区研究目的层为长 6、长 8 和长 9 油层组（林春明等，2009，2010，2012；张霞等，2011a，2011b，2012；曲长伟等，2013），砂岩储层发育，下面做详细描述。

长 6 油层段以具有高声波时差、高感应、高自然伽马值的标志层与上覆地层区分，岩性上部为深灰色、灰绿色粉细砂岩与灰绿色、灰黑色泥岩近等厚互层；下部为深灰色、灰色泥岩夹粉砂岩，间夹黑色碳质泥岩、页岩及极少量煤线，局部地区夹薄层凝灰岩。具块状层理、平行层理、交错层理、包卷变形层理等，泥岩页理发育，层面多见植物茎干化石。底部发育冲刷面构造。颗粒次棱角–次圆状，分选中等，填隙物常见钙质、泥质、硅质等，不同的体系不同的地区岩石类型差异明显，碎屑成分及含量在区域上的分区性也不同。根据长 6 油层的沉积特征及油层分布特点，还可进一步细分为长 6^1、长 6^2、长 6^3 油层，各小层的地层厚均在 35 ~ 45 m 之间。长 6 油层段各个小层具体划分方案为：①长 6^1 厚 35 ~ 45 m，浅灰色粉细砂岩夹暗色泥岩；②长 6^2 厚 35 ~ 45 m，褐灰色块状细砂岩夹暗色泥岩；③长 6^3 厚 35 ~ 40 m，灰黑色泥岩、泥质粉砂岩、粉细砂岩互层，夹薄层凝灰岩。

长 8 油层段与上下地层相比表现为电阻率、电位和自然伽马值较低，与上覆长 7 地层界线明显，区内长 8 沉积厚度达 60 ~ 96 m，总体上为西南薄东北方向厚的特点。根据研究区地质特征和勘探与开发的实际状况，将长 8 油层段自上而下细分为长 8_1 和长 8_2 两个小层（表2-1），再将长 8_1 三分划为长 8_1^1、长 8_1^2 和长 8_1^3 三个小层，长 8_2 两分划为长 8_2^1 和长 8_2^2 两个小层（林春明等，2009，2010，2012；张霞等，2011a，2011b，2012），其中，含油层位为长 8_1^1、长 8_1^2 和长 8_2^1。在 ZJ5—HH26 井区和 HH21 井区长 8_1^1 的岩性较粗，为中质细砂岩，且含油性较好，已试获商业油流。划分依据是：①长 8 顶界采用旋回标志层，长 7 底部大段的碳质泥岩、泥岩、页岩层，厚度 10 ~ 20 m 张家滩页岩，全区都有发育，可连续追踪对比；②长 8 由两个旋回组成，亦即分为长 8_1 和长 8_2，长 8 内部分层根据沉积学原理，采用旋回对比方法，利用自然伽马（GR）、自然电位（SP）、声波时差（AC）、深感应（ILD 或 RILD）等测井，分析测井曲线形态的旋回性、幅度和泥质隔夹层的分布特征，来对长 8 段内部的小层进行细分。长 8 油层段各小层具体特征如下：①长 8_1^1 为二级粗旋回，厚 6 ~ 10 m，在不同井区可出现 1 ~ 3 个三级小旋回，也就是有一期或多期的砂体叠置，标志层为底部发育薄层泥岩或砂质泥岩隔层，测井曲线显示为高 GR、高 AC、低电阻，界限位于 GR 曲线极大值拐点处；②长 8_1^2 为二级粗旋回，厚 16 ~ 25 m，在不同井区

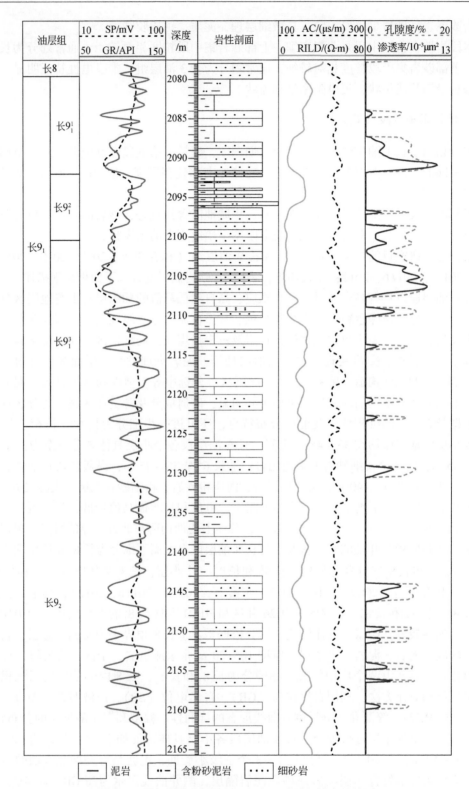

图 2-3　鄂尔多斯盆地镇泾地区长 9 油层组综合柱状图

出现 1~3 个三级旋回；③长 8_1^3 为二级细旋回，厚 14~20 m，砂岩在此段一般发育较差，标志层为顶部为薄层泥岩或粉砂质泥岩隔层，电性特征表现出高 GR、高 AC、低电阻，底部紧邻长 8_2^1 二级粗旋回；④长 8_2^1 为二级粗旋回，厚度范围 10~15 m；⑤长 8_2^2 为二级细旋回，厚度范围 8~15 m；⑥长 8_2^3 为二级细旋回，厚度范围 8~15 m。

长 9 油层段，与上下地层相比表现为电阻率、电位和自然伽马值较高。根据研究区地质特征和勘探与开发的实际状况，将长 9 油层段细分为长 9_1 和长 9_2 两个小层（图 2-3），再将长 9_1 三分划为长 9_1^1、长 9_1^2、长 9_1^3 三个小层，长 9_1 砂体相对发育，GR 曲线显示相对低值，厚度 35~40 m，为研究区主力油层；长 9_2 砂岩在此段一般发育较差，厚度范围 55~65 m，多数井未钻穿。划分依据为：①长 9 顶界采用旋回标志层，长 8 底部具有厚度为 0.3~6 m 的李家畔页岩（KT_0），在研究区相变为粉砂质泥岩、泥质粉砂岩，全区都有发育，可连续追踪对比；②长 9 由两个旋回组成，亦即分为长 9_1、长 9_2，长 9 内部分层根据沉积学原理，采用旋回对比方法（SP 曲线反映不明显，主要看 GR 曲线），利用 GR、SP、AC 等，分析曲线形态的旋回性、幅度和泥质隔夹层的分布特征，来对长 9 段内部的小层进行细分。

第 3 章　储层岩石学特征

陆源碎屑岩中的主要岩石类型是砂岩，碎屑岩中的碎屑物质主要来源于母岩机械破碎的产物，是反映沉积物来源的重要标志（林春明等，2009）。砂岩中的主要碎屑成分石英、长石、岩屑以及重矿物在恢复物源区的研究中具有极为重要的意义（林春明等，2020）。本研究主要通过岩石普通薄片、染色薄片、扫描电镜、铸体薄片、X 射线衍射分析，加深了对鄂尔多斯盆地镇泾地区延长组长 6、长 8 和长 9 储层岩石学特征的认识，并对长 6、长 8 和长 9 储层的岩石成分、含量、结构、构造、颗粒接触关系类型、胶结类型等作了详细分析，为储层评价的开展奠定了基础（林春明等，2010，2012）。

3.1　岩石成分及特征

3.1.1　长 6 储层岩石成分及特征

对镇泾地区 HH11、15、20、22、24、101、37、105 以及 ZJ25 井共 9 口钻井的岩石薄片鉴定表明，长 6 储层主要为浅灰色、灰绿色的长石岩屑砂岩和岩屑长石砂岩，并含有一定量的岩屑质石英砂岩和石英砂岩（图 3-1），碎屑成分以石英、长石和岩屑为主，部分层段黑云母含量较高，胶结物主要为钙质，泥质、硅质胶结物较少，黏土杂基含量较低。

储层岩石粒度以细粒、中粒为主，最小为 0.0625 mm，最大为 1.25 mm，一般在 0.1 ~ 0.45 mm 之间，砂岩分选中等–好，磨圆度多为棱角状–次棱角状，支撑方式为颗粒支撑，接触方式以点–线和线接触为主，部分呈现出凹凸接触的特点，岩石胶结类型以孔隙式胶结为主，接触式胶结次之，少量岩石薄片中可以见到镶嵌式胶结。岩石结构普遍表现为成分成熟度偏低、结构成熟度中等的特点。具体特征如下。

1. 石英

石英颗粒含量在 47% ~ 92% 之间，平均 64.35%（表 3-1），以单晶石英为主，有少量多晶石英，石英表面干净，具波状消光，次生加大现象较为普遍，粒度范围在 0.05 ~ 0.65 mm 之间，石英分选中等–好，呈次棱角状，颗粒之间以线接触为主，当石英次生加大边发育时，颗粒呈镶嵌接触。

2. 长石

长石占岩石总含量的 5% ~ 20%（表 3-1），包括正长石、微斜长石和斜长石，以斜长石为主。长石的溶蚀现象非常普遍，随着溶蚀强度的增加依次形成粒内溶孔、残余铸模

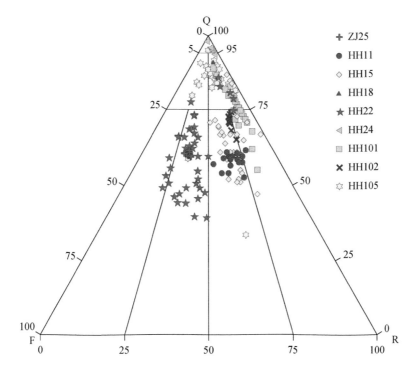

图 3-1　鄂尔多斯盆地镇泾地区长 6 储层岩石成分分类图

孔, 部分溶蚀孔内可以见到残余沥青。长石的粒度范围在 0.1 ~ 0.8 mm 之间, 一般在 0.2 ~ 0.45 mm 之间, 普遍发育较为轻微的高岭石化, 并可见到绿泥石化和绢云母化现象。

表 3-1　鄂尔多斯盆地镇泾地区长 6 油层组储层碎屑成分统计表

井号	石英/%	长石/%			岩屑/%				云母/%	总量/%
		钾长石	斜长石	总量	岩浆岩	变质岩	沉积岩	总量		
HH11	54.44	8.67	4.28	12.94	11.39	12.44	2.61	26.44	1.00	93.83
HH15	64.21	6.15	3.24	9.39	9.12	14.56	1.53	25.21	1.17	98.80
HH20	93.50	1.50	0.50	2.00	1.50	1.25	1.15	3.90	1.00	99.40
HH22	59.56	9.87	10.28	20.15	6.69	6.77	1.97	15.44	1.65	95.15
HH24	42.53	20.00	17.96	37.96	3.00	5.89	3.00	11.89	2.07	92.38
HH101	75.43	2.71	0.96	3.68	4.21	15.29	1.32	20.82	1.00	99.93
HH105	73.84	4.09	3.37	7.46	8.00	8.29	1.40	17.69	1.30	98.99
ZJ25	91.13	1.20	2.19	3.39	1.26	1.32	1.91	4.49	1.31	99.01
平均值	69.33	6.77	5.35	12.12	5.65	8.23	1.86	15.73	1.31	97.19

3. 岩屑

长 6 储层岩屑平均含量 13.02% (表 3-1), 以变质岩岩屑和岩浆岩岩屑为主、沉积岩次之。变质岩岩屑以片岩（图3-2a）和石英岩（图3-2b）为主，千枚岩（图3-2c）次之；岩浆岩岩屑中以安山岩（图3-2d）、流纹岩（图3-2e）等中酸性的火山岩岩屑为主；沉积岩岩屑以粉砂岩（图3-2f）为主，少量岩石薄片中可见到燧石岩屑。

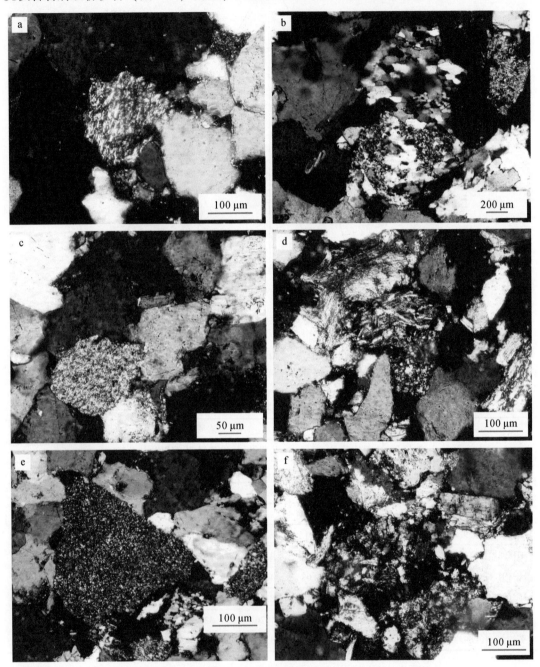

图3-2　鄂尔多斯盆地镇泾地区长6储层岩屑偏光显微镜下特征

a. 片岩岩屑，HH105井，2115.55 m，（+）；b. 石英岩岩屑，HH105井，2136.70 m，（+）；c. 千枚岩岩屑，HH105井，2193.08 m，（+）；d. 安山岩岩屑，HH105井，2218.89 m，（+）；e. 流纹岩岩屑，HH105井，2119.14 m，（+）；f. 粉砂岩岩屑，HH105井，2119.14 m，（+）

4. 云母及其他碎屑

长 6 砂岩中，云母主要以黑云母的方式存在，白云母少见，含量在 1%~2% 之间，平均 0.64%，粒度较小，多集中在 0.1~0.45 mm 之间，云母颗粒弯曲变形现象十分普遍，并大量发育绿泥石化、水化，部分薄片中可以见到云母颗粒顺层分布，定向排列。

5. 杂基

砂岩中杂基为泥质，隐晶质硅质，平均含量为 2.42%（表 3-2），局部杂基含量较高，呈基底式，颗粒呈漂浮状，杂基的存在对长 6 砂岩物性的影响有两面性。一方面杂基填于粒间，阻塞喉道，不利于原生孔隙发育；另一方面杂基为酸性溶蚀和碱性溶蚀提供物质来源，有利于溶蚀孔隙的形成。

表 3-2 鄂尔多斯盆地镇泾地区长 6 油层组储层填隙物成分统计表

井号	胶结物/%						杂基/%
	泥质	方解石	白云石	硅质	重晶石	铁质	
HH11	2.56	1.00	4.50	1.11	1.00	<1	<1
HH15	2.19	4.17	4.38	1.17	1.50	1.00	2.42
HH20	1.00	4.00	<1	2.00	<1	<1	2.35
HH22	4.41	4.41	1.43	1.00	1.00	1.00	1.21
HH24	1.25	1.00	<1	<1	<1	<1	1.22
HH101	3.20	1.00	1.14	1.13	<1	4.60	1.85
HH105	2.23	2.67	<1	<1	1.10	<1	1.13
ZJ25	2.21	4.24	2.00	4.16	<1	<1	1.21
平均值	2.62	3.07	3.30	1.89	1.25	2.80	2.81

6. 胶结物

通过薄片观察和扫描电镜分析发现区内长 6 砂岩储层自生矿物主要包括黏土矿物类、碳酸盐类、硅质类和铁质类（图 3-3），砂岩的胶结作用以钙质胶结和硅质胶结为主。钙质胶结在研究区长 6 油层砂岩中主要呈粒间胶结物、交代物或次生孔隙内填充物形式出现。常见微晶状、晶粒状或连晶状产出，成分上主要为方解石、铁方解石和白云石。硅质胶结主要为石英的次生加大，其次为充填于孔隙中的自形晶。扫描电镜下可观察到硅质岩碎屑颗粒边缘生长，有的形成较自形的晶面，有的形成不连续的晶面。扫描电镜下观察到自形六方双锥自生石英晶体充填于粒间孔中。

3.1.2 长 8 储层岩石成分及特征

根据镇泾地区 HH6、11、14、15 等 11 口钻井和 ZJ5-10、5、9、17 等 10 口钻井 404

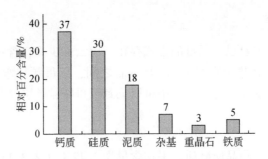

图 3-3　鄂尔多斯盆地镇泾地区长 6 油层组填隙物相对百分含量分布图

块岩石薄片鉴定成果，长 8 砂岩储层主要为浅灰色、灰绿色、褐灰色和深灰色长石岩屑砂岩和岩屑长石砂岩，少部分为长石砂岩和岩屑砂岩（图 3-4），碎屑成分以石英、长石和岩屑为主，部分层段黑云母含量较高，胶结物主要为泥质、钙质和硅质，黏土杂基含量较低。储层岩石以细粒、细-中粒、粉-细粒为主，砂岩粒度范围在 0.05～1.3 mm 之间，一般在 0.1～0.45 mm 之间，砂岩分选中等-好，磨圆度多为棱角状-次棱角状，颗粒支撑，颗粒间以点-线和线接触为主，部分凹凸-线接触，胶结类型以孔隙式胶结为主，薄膜-孔隙式胶结和再生-孔隙式胶结次之，胶结物成分以高岭石、方解石、绿泥石为主，伊利石、硅质和伊蒙混层较少。岩石结构普遍表现为成分成熟度偏低、结构成熟度中等的特点，碎屑定向分布，黑云母强烈变形，假杂基化。具体特征如下。

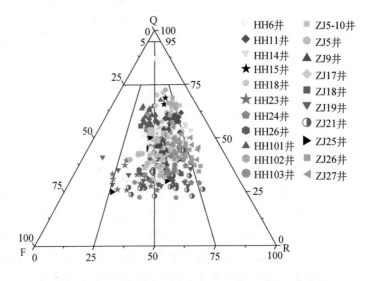

图 3-4　鄂尔多斯盆地镇泾地区长 8 储层岩石成分分类图

1. 石英

岩石成分以石英为主，碎屑石英颗粒主要为单晶石英、少量多晶石英，表面干净，部分石英波状消光，含量在 11%～70% 之间，平均 40.18%（表 3-3），粒度范围在 0.05～0.40 mm 之间，石英颗粒分选中等-好，磨圆度为次棱角状，颗粒之间以线接触为主，当石英次生加大边发育时，颗粒呈镶嵌接触。

2. 长石

砂岩中长石占 11% ~ 50%，平均 26.41%，有钾长石和斜长石两种，以斜长石为主。钾长石主要为微斜长石、条纹长石和正长石，微斜条纹长石少见（图 3-5a），钾长石高岭土化严重，有些颗粒已全部被高岭石所取代，含量一般在 3% ~ 36% 之间，平均 9.50%（表 3-3）。斜长石含量一般在 2% ~ 30% 之间，平均 12.05%（表 3-3），常发生绢云母化，有时发生高岭土化，发育聚片双晶。长石的粒度范围在 0.1 ~ 0.45 mm 之间。长石内部常受后期酸性流体的影响，粒内溶孔发育。

3. 岩屑

岩屑组分较为复杂，其含量在 5% ~ 40% 之间，平均 23.92%，主要为火成岩岩屑，含量为 0 ~ 49%，平均为 14.96%（表 3-3），其中以中酸性火山岩岩屑为主（图 3-5b），见少量中基性火山岩岩屑（图 3-5c），其次为变质岩岩屑，包括变质石英岩（图 3-5d）、千枚岩（图 3-5e）、片岩（图 3-5f），含量在 0 ~ 25% 之间，平均 7.62%（表 3-3），沉积岩少见，含量在 0 ~ 12% 之间，平均 2.88%（表 3-3），包括砂岩、泥岩、碳酸盐岩和燧石岩屑（图 3-5g），另外薄片中还见滚圆状的石英和锆石碎屑颗粒，也说明物源区有沉积岩存在。

4. 云母及其他碎屑

在研究区砂岩中，云母主要有黑云母和白云母两种，以黑云母为主，含量在 0 ~ 38% 之间，平均 3.13%（表 3-3），顺层分布，定向排列，部分黑云母发生绿泥石化（图 3-5h）。白云母少见，少于 1%，另外在研究区长 8 层段常见磨圆度较好的锆石碎屑。

5. 杂基

杂基以泥质为主，含量在 0 ~ 37% 之间，一般低于 5%，平均 1.79%（表 3-3），分布广泛，杂基含量不仅与沉积环境水动力有关，还与水介质有关。研究区杂基与储层物性关系具有两面性：①对原生孔隙来说，杂基填于粒间，不利于原生孔隙发育；②对于酸性溶蚀和碱性溶蚀次生孔隙而言，杂基的发育反而有利于这种次生孔隙的形成。

6. 胶结物

研究区长 8 储层岩石的胶结物成分主要为钙质和泥质，硅质和铁质次之，重晶石和浊沸石少见（表 3-3，图 3-6）。硅质胶结以石英次生加大边和自生石英雏晶两种形式出现，含量一般在 0 ~ 3% 之间，高者可达 5%（表 3-3）。方解石呈斑点状充填于粒间，含量一般在 2% 左右（表 3-3），个别层段方解石含量较高，可达 37% 左右，以嵌晶形式充填于粒间，并交代长石、石英等碎屑以及早期生成的自生矿物。泥质胶结物主要有高岭石、绿泥石、伊蒙混层、伊利石四种，含量一般在 1% ~ 18% 之间，平均 2.35%（表 3-3）。高岭石主要由长石蚀变而成，充填于粒间；绿泥石主要以孔隙衬里形式呈栉壳状分布于颗粒周围，

表3-3　鄂尔多斯盆地镇泾地区长8砂岩储层岩石成分特征表

碎屑组分/%：石英、长石（钾长石、斜长石）、岩屑（火成岩、变质岩、沉积岩）、黑云母；填隙物/%：杂基、胶结物/%（方解石、白云石、泥质、硅质、铁质、重晶石、浊沸石）

井名	井深/m	样品数/个	石英	钾长石	斜长石	火成岩	变质岩	沉积岩	黑云母	杂基	方解石	白云石	泥质	硅质	铁质	重晶石	浊沸石
ZJ5	2145.66~2154.49	5	30~38/35.2	11~17/13.60	17~19/17.80	12~20/15.8	2~7/3.4	0~2/1	1~8/3.2	3~5/4	1~3/2.2	0	3~5/3.8	0	0	0	0
ZJ5-10	2250.02~2275.76	22	27~52/37.89	8~15/11.27	7~18/13.79	8~20/13.80	6~18/9.39	0~8/4.15	0~6/0.54	0~11/1.95	0~19.4/4.86	0	0~5/1.95	0~2/0.82	0	0	0
ZJ9	2266.08~2272.63	10	34~48/41.58	9~11/10.22	10~16/13.50	14~19/16.28	6~13/9.57	1~2/1.24	1~4/2.50	0	0~20/2.60	0~1/0.10	0~1/0.20	0~1/0.40	0	0	1~3/1.80
ZJ17	2254.97~2265.36	10	34~44/39.02	8~13/10.16	10~16/13.20	6~21/12.62	6~25/16.11	1~2/1.12	1~4/2.06	0	0~15/3.40	0~1/0.10	0~1/0.40	0	0	0	1~2/1.80
ZJ18	2263.83~2266.36	2	30~50/40.00	5~10/7.50	10~20/15.00	8~20/14.00	2~10/6.00	2~5/3.50	3~5/4.00	0~1/0.50	1~2/1.50	0	6~6/5.50	2~3/2.50	0	0	0
ZJ19	2282.81~2305.65	20	20~31/26.70	4~25/11.55	8~26/17.20	5~35/13.80	0~10/5.20	0~8/3.45	1~15/5.30	0~5/0.95	0~13/1.85	0	0~18/5.2	0~2/0.15	0~5/0.8	0~2/0.4	0
ZJ21	2133.24~2161.69	24	15~32/25.00	4~17/9.00	7~30/16.50	8~25/15.88	2~10/7.13	2~8/4.63	1~30/5.75	0~3/1.08	0~8/2.33	0	0~12/5.96	0~2/0.21	0~3/0.5	0	0
ZJ25	2257.73~2276.6	20	11~47/37.95	3~36/8.98	6~18/12.05	5~16/10.68	4~14/8.13	2~9/6.01	0~4/0.19	37~37/5.75	0~27/6.90	0~5/1.40	0~5/1.60	0~1/0.20	0~4/0.20	0~3/0.15	0
ZJ26	2058.62~2076.44	18	33~46/38.06	6~12/8.60	3~10/6.11	27~49/34.87	0	0	1~12/6.25	0	0~22/4.28	0	0~4/1.78	0~1/0.06	0	0	0
ZJ27	2180.30~2204.00	26	28~54/37.86	4~12/7.38	2~11/5.85	15~41/29.39	0	0~2/0.07	1~38/12.72	0~27/2.31	0~20/3.23	0	0~4/1.19	0	0	0	0
HH6	1770.37~1777.99	28	39~54/47.34	7~13/10.25	5~13/8.91	13~26/17.28	2~8/4.96	2~9/5.48	0~1/0.07	0~5/1.00	0~23/4.04	0	0~2/0.68	0	0	0	0

续表

井名	井深/m	样品数/个	碎屑组分/% 石英	长石 钾长石	长石 斜长石	岩屑 火成岩	岩屑 变质岩	岩屑 沉积岩	黑云母	杂基	填隙物/% 胶结物/% 方解石	白云石	泥质	硅质	铁质	重晶石	浊沸石
HH11	1770.39~ 1798.74	17	47~ 57/52.89	5~ 11/8.43	2~ 7/4.17	7~ 14/11.05	9~ 16/12.09	1~ 5/2.53	0~ 1/0.59	1~ 4/2.59	0~ 1/0.18	2~ 8/4.18	0~ 2/0.18	1~ 2/1.12	0	0	0
HH14	1947.7~ 1987.87	13	35~ 55/44.94	5~ 14/7.70	2~ 8/4.71	9~ 15/12.98	6~ 21/13.78	1~ 6/4.23	0~ 2/1.04	0~ 5/3.08	0~ 28/9.38	0~ 2/0.23	0~ 1/0.31	0~ 1/0.69	0	0	0
HH15	2106.38~ 2110.25	4	52~ 60/57.70	4~ 5/4.66	5~ 10/7.98	5~ 9/8.20	7~ 14/11.00	3~ 4/3.03	0~ 1/0.68	0~ 4/2.50	0~ 3/1.75	0~ 8/2.50	0	0	0	0	0
HH18	2096.2~ 2105.42	50	38~70/ 50.69	3~16/ 10.38	3~14/ 9.60	8~20/ 13.88	2~15/ 7.63	1~6/ 3.15	0~2/ 0.26	0~2/ 0.12	0~23/ 3.70	0	0~2/ 0.58	0	0	0	0
HH23	1948.86~ 2013.33	21	18~38/ 28.05	6~21/ 12.67	9~40/ 24.19	6~25/ 15.62	2~9/ 4.00	0~3/ 1.29	1~8/ 4.00	0~3/ 0.81	0~8/ 1.62	0	0~13/ 3.24	0~1/ 0.05	0~3/ 0.14	0~1/ 0.05	0
HH24	1796.17~ 1823.19	49	20~43/ 32.06	5~17/ 10.45	5~19/ 9.35	6~20/ 13.53	1~10/ 6.08	0~10/ 3.92	2~11/ 4.51	0~6/ 2.61	0~9/ 3.41	0	0~13/ 5.31	0~2/ 0.63	0~30/ 1.57	0~3/ 0.20	0
HH26	2125.4~ 2126.63	8	27~35/ 32.75	9~15/ 12.38	15~19/ 16.50	13~21/ 16.25	3~6/ 4.5	0~2/ 0.88	3~7/ 4.75	1~4/ 2.63	1~7/ 2.63	0	3~7/ 5.13	0~2/ 0.88	0~1/ 0.5	0~3/ 0.5	0
HH101	2121.92~ 2131.26	38	43~63/ 52.40	3~10/ 8.89	9~16/ 12.55	5~15/ 9.59	3~15/ 7.60	0~2/ 0.87	0~6/ 2.47	0~3/ 0.55	0~14/ 3.89	0	0~2/ 1.18	0	0	0	0
HH102	2095.19~ 2100.02	9	51~65/ 60.12	4~7/ 4.67	3~5/ 4.19	0~4/ 2.37	9~19/ 15.55	2~7/ 4.2	0~2/ 1.02	2~9/ 4.33	0~13/ 3.11	0~2/ 0.44	0	0	0~2/ 0.50	0	0
HH103	2037.91~ 2057.19	10	20~30/ 25.50	5~15/ 10.70	13~30/ 20.00	10~25/ 16.30	5~12/ 7.90	3~12/ 5.80	2~6/ 3.90	0~2/ 0.90	1~8/ 3.10	0	3~10/ 5.56	0~1/ 0.30	0~2/ 0.50	0	0
综合特征		404	11~ 75/40.18	3~ 36/9.50	2~ 30/12.05	0~ 49/14.96	0~ 25/7.62	0~ 12/2.88	0~ 38/3.13	0~ 37/1.79	0~ 28/3.33	0~ 8/0.43	0~ 18/2.35	0~ 3/0.38	0~ 30/0.20	0~ 3/0.06	0~ 3/0.17

注: 30~38/35.2 表示最小值~最大值/平均值。

少部分以孔隙充填的形式存在；伊利石主要呈栉壳状和毛发状分布于粒间；伊蒙混层黏土矿物呈薄膜状分布于颗粒表面。铁质胶结物在研究层段含量较少，大部分在1%左右，个别层段含量较高，可达30%。重晶石胶结物只在个别层段发育，含量大部分在1%左右，最高可达3%（表3-3），呈嵌晶胶结。浊沸石胶结物只在个别层段发育，含量大部分在1%左右，最高可达3%（表3-3），呈孔隙式胶结。

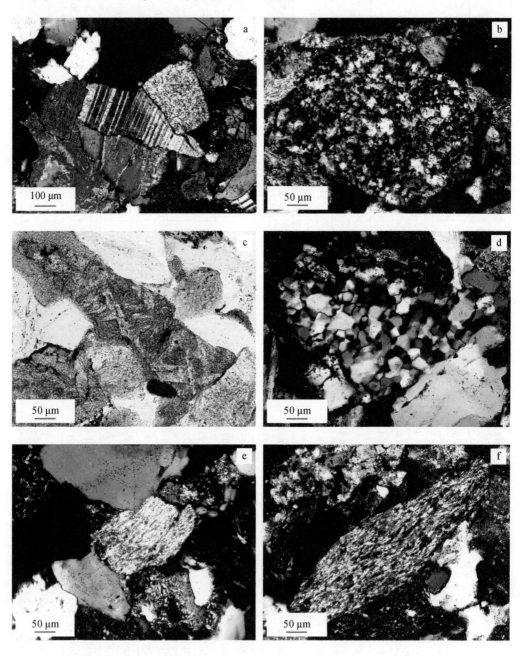

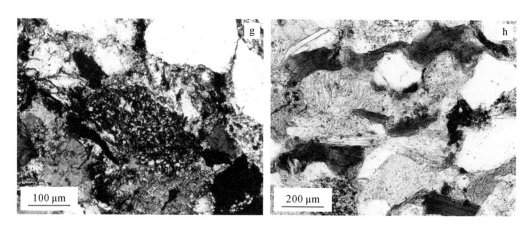

图 3-5　鄂尔多斯盆地镇泾地区长 8 储层岩屑偏光显微镜下特征

a. 钾长石和斜长石，HH24 井，1797.74 m，(+)；b. 中酸性火山岩岩屑，HH23 井，2011.87 m，(+)；c. 中基性火山岩岩屑，HH24 井，1796.17 m，(−)；d. 变质石英岩岩屑，HH24 井，2218.89 m，(+)；e. 千枚岩岩屑，HH24 井，1796.17 m，(+)；f. 片岩岩屑，HH23 井，2011.37 m，(+)；g. 燧石岩屑，ZJ5 井，2147.75 m，(+)；h. 黑云母绿泥石化，HH23 井，2009.45 m，(+)

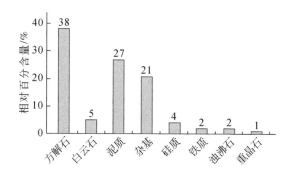

图 3-6　鄂尔多斯盆地镇泾地区长 8 油层组填隙物相对百分含量分布图

3.1.3　长 9 储层岩石成分及特征

根据镇泾地区 HH55、56、68 井等 12 口钻井的岩石薄片鉴定资料成果，长 9 砂岩储层主要为浅灰色和深灰色长石岩屑砂岩和岩屑长石砂岩，少部分为长石砂岩和岩屑砂岩（图 3-7），碎屑成分以石英、长石和岩屑为主，部分层段黑云母含量较高，粒间主要为泥质、钙质和硅质胶结，黏土杂基含量较低。储层岩石以细粒、细-中粒、粉-细粒为主，砂岩碎屑颗粒粒度范围为 0.05～0.35 mm，粒度平均值为 0.10～0.25 mm，砂岩分选中等-好，磨圆度多为棱角状-次棱角状，颗粒支撑，颗粒间以线和点-线接触为主，部分凹凸接触，胶结类型以孔隙式为主，偶见基底式交接，胶结物成分以方解石和绿泥石为主，高岭石胶结物含量次之，伊利石、硅质和伊蒙混层较少。岩石结构普遍表现为成分成熟度偏低，结构成熟度中等的特点，碎屑定向分布，黑云母强烈变形，假杂基化。具体特征如下。

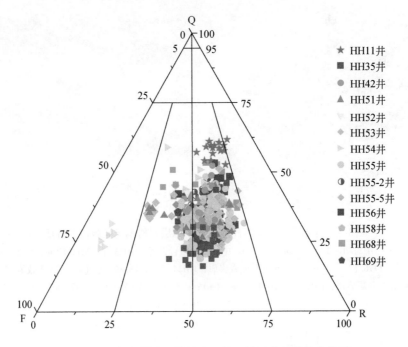

图 3-7   鄂尔多斯盆地镇泾地区长 9 储层岩石成分分类图

1. 石英

岩石碎屑成分以石英为主，碎屑石英颗粒主要为单晶石英、少量多晶石英，偶见燧石，表面干净，部分石英波状消光，含量在 20%~60% 之间，平均38.5%（表3-4），粒度范围在 0.08~0.35 mm 之间，石英颗粒分选中等–好，次棱角状（图3-8a），颗粒之间以线接触为主，当石英次生加大边（图3-8b）发育时，颗粒呈镶嵌接触。

表 3-4   鄂尔多斯盆地镇泾地区长 9 油层组储层碎屑成分统计表

井号	石英/%	长石/%			岩屑/%				云母/%	总量/%
		钾长石	斜长石	总量	沉积岩	岩浆岩	变质岩	总量		
HH35	40.5	8.9	12.2	21.1	3.5	15.3	5.8	24.6	2.0	88.2
HH42	55.0	7.5	10.3	17.8	1.6	21.8	8.6	32.0	1.0	88.8
HH51	35	8.0	12.2	20.2	4.7	20.0	7.5	32.2	1.3	88.7
HH52	53.2	7.8	11.8	19.6	2.3	23.8	8.0	34.1	0.8	93.7
HH53	32	8.2	12.8	21.0	2.5	21.5	9.5	33.5	1.0	87.5
HH54	38.6	9.8	10.9	20.7	2.5	21.3	7.0	30.8	1.0	91.1
HH55	35	6.5	10.2	16.7	2.6	21.2	8.4	32.2	0.8	84.7
HH55-2	42.2	5.3	9.5	14.8	2.8	15.3	7.4	25.5	0.9	83.4
HH55-5	40.8	8.5	9.8	18.3	5.3	14.8	8.6	28.7	0.5	88.3
HH56	43.5	7.2	10.5	17.7	5.7	15.2	9.2	30.1	1.5	92.8

续表

井号	石英/%	长石/%			岩屑/%				云母/%	总量/%
		钾长石	斜长石	总量	沉积岩	岩浆岩	变质岩	总量		
HH68	41.3	6.9	11.8	18.7	4.6	13.8	8.4	26.8	1.3	88.1
HH69	40.5	5.3	12.3	17.6	4.8	12.6	7.9	25.3	1.5	84.9
平均值	38.5	8	11.5	19.5	4.2	16.2	8	25.7	1.3	83.8

2. 长石

砂岩中长石占 5%~39%，平均 19.5%（表 3-4），有钾长石和斜长石两种，以斜长石为主。钾长石主要为微斜长石（图 3-8c）、条纹长石和正长石，条纹长石少见，钾长石高岭土化严重，有些颗粒已全部被高岭石所取代，含量一般在 5%~15%，平均 8%（表 3-4）。斜长石含量一般在 4%~20%，平均 11.5%（表 3-4），常发生绢云母化（图 3-8d），有时发生高岭土化，发育聚片双晶。长石的粒度范围在 0.12~0.57 mm 之间，一般在 0.15~0.40 mm 之间。长石内部常受后期酸性流体的影响，粒内溶孔发育。

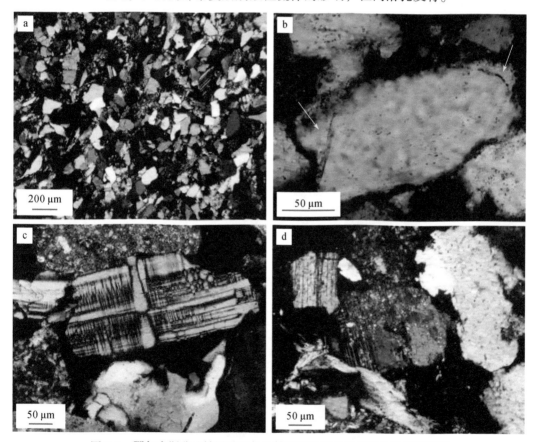

图 3-8　鄂尔多斯盆地镇泾地区长 9 储层石英和长石偏光显微镜下特征

a. 石英分选中等，HH68 井，1747.55 m，（+）；b. 石英次生加大（箭头所指），HH56 井，2107.49 m，（+）；

c. 微斜长石，HH68 井，1745.67 m，（+）；d. 斜长石绢云母化及溶孔，HH56 井，2204.5 m，（+）

3. 岩屑

岩屑组分较为复杂，其含量在 15% ~ 48% 之间，平均 25.7%（表 3-4），主要为岩浆岩岩屑，含量在 2% ~ 30% 之间，平均 16.2%（表 3-4），其中以中酸性火山岩岩屑为主（图 3-9a），见少量中基性火山岩岩屑（图 3-9b），其次为变质岩岩屑，包括片岩岩屑（图 3-9c）、千枚岩岩屑（图 3-9d）和变质石英岩岩屑（图 3-9e），含量在 5% ~ 20% 之间，平

图 3-9 鄂尔多斯盆地镇泾地区长 9 储层岩屑及其他显微镜下特征

a. 玄武岩岩屑，HH68 井，1749.40 m，（+）；b. 安山岩岩屑，HH68 井，1749.40 m，（+）；c. 片岩岩屑，HH55 井，2104.27 m，（+）；d. 千枚岩岩屑，HH68 井，1759.18 m，（+）；e. 变质石英岩岩屑，HH55 井，2111.92 m，（+）；f. 锆石颗粒，HH55 井，2111.92 m，（+）；g. 黑云母绿泥石化，HH69 井，2050.76 m，（-）；h. 碎屑间杂基充填，HH55 井，2090.99 m，（+）

均 8.0%（表 3-4），沉积岩岩屑最少，主要为泥岩岩屑和粉砂岩岩屑，含量在 1%～15% 之间，平均 4.2%（表 3-4），另外薄片中还见锆石碎屑颗粒（图 3-9f），也说明物源区有沉积岩存在。

4. 云母及其他碎屑

在研究区砂岩中，云母主要有黑云母和白云母两种，以黑云母为主，白云母少见，含量在 0～6.5% 之间，平均 1.3%（表 3-4），粒度较小，多集中在 0.1～0.45 mm 之间。云母颗粒弯曲变形现象十分普遍，云母颗粒顺层分布，定向排列，并大量发育绿泥石化（图 3-9g）和水化。

5. 杂基

长 9 油层组砂岩中杂基为泥质，含量在 0～9.3% 之间，一般低于 5%，平均 1.48%（表 3-5，图 3-9h、图 3-10），分布普遍，杂基含量不仅与沉积环境水动力有关，还与水介质有关。研究区杂基与储层物性关系具有两面性：①对原生孔隙来说，杂基填于粒间，不利于原生孔隙发育；②对于酸性溶蚀（长石）和碱性溶蚀（硅质）次生孔隙而言，杂基的发育反而有利于这种次生孔隙的形成。

6. 胶结物

通过薄片观察和扫描电镜微观结构分析发现，研究区长 9 油层组储层岩石的胶结物成分主要为钙质和泥质，硅质和铁质次之，重晶石少见。泥质胶结物主要有高岭石、绿泥石、伊蒙混层和伊利石四种，含量一般在 1%～15% 之间，平均为 5.35%（表 3-5，图 3-10）。高岭石主要由长石蚀变而成，并充填于粒间；绿泥石主要以薄膜形式呈栉壳状分布于颗粒周围,少部分以孔隙充填的形式存在;伊利石主要呈栉壳状和毛发状分布于粒间;伊蒙混层黏土矿物呈薄膜状分布于颗粒表面。钙质胶结物含量一般在2%~14%之间,平均为7.93%（表3-5,图3-10）,成分主要为方解石,铁方解石和白云石少见,在研究区砂岩中主要呈粒间胶结物、交代物或次生孔隙内填充物的形式出现,常呈微晶状、晶粒状或连晶状的形式产出,并交代长石、石英等碎屑以及早期生成的自生矿物。硅质胶结含量一般小于3%,主要为石英的次生加大,其次为充填于孔隙中的自形石英晶体。铁质胶结物在研究层段含量较少,大部分在1%左右,个别层段含量较高,可达10%左右（表3-5,图3-10）。重晶石胶结物只在个别层段发育,含量大部分小于1%（表3-5,图3-10）,呈嵌晶胶结。

表3-5　镇泾地区长9油层组储层填隙物成分统计表

井号	胶结物/%					杂基
	泥质	钙质	硅质	重晶石	铁质	
HH35	6.34	2.2	0	0	0	5
HH42	5.46	6.5	2.5	0	2.12	2.3
HH51	3.23	4.2	0	0.2	0.85	1.02
HH52	6.81	9.14	1.2	<1	3.45	0.87
HH53	3.58	6.78	0.78	<1	2.07	1.55
HH54	5.31	10.5	0.86	1.25	8.56	3.05
HH55	5.13	2.63	1.17	0.5	0.5	2.63
HH55-2	5.56	3.1	1	0	1.67	1.5
HH55-5	3.8	2.3	1.5	1.8	0	0.5
HH56	5.5	1.5	1.25	0	2.29	2.11
HH68	6.12	8.35	<1	1.6	1.33	1.86
HH69	4.56	9.56	0.5	0	<1	1.23
平均值	5.35	7.93	1.02	0.44	1.55	1.48

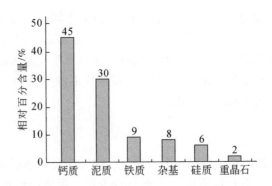

图3-10　鄂尔多斯盆地镇泾地区长9油层组填隙物相对百分含量分布图

3.2　黏土矿物特征

黏土矿物对于研究储层物性来说是一类非常重要的矿物，流体流速、流体化学性质变化均可能引发黏土矿物微粒失稳、分散、运移或形成不利的无机沉淀，导致储层渗透性降低。

3.2.1　长 6 储层黏土矿物特征

长 6 储层中以伊蒙混层黏土矿物为主，伊利石和高岭石次之，绿泥石较少（图 3-11，表 3-6）。通过薄片鉴定和扫描电镜观察发现，储层中的黏土矿物主要为两种组合类型，一种组合为伊蒙混层–伊利石–高岭石，另外一种组合为伊蒙混层–高岭石–绿泥石。基本所有的分析样品中都含有伊蒙混层黏土矿物。

表 3-6　鄂尔多斯盆地镇泾地区长 6 油层组储层黏土矿物含量统计表

井名	井深/m	样品个数	黏土矿物总量/%	黏土矿物相对含量/%				伊蒙混层比/%
				伊蒙混层	伊利石	高岭石	绿泥石	
ZJ18	2068.13~2068.37	2	2~3/1.5	35~35/35	16~17/16.5	43~43/43	5~6/5.5	15
	2088.96~2098.02	12	2~4/3.15	30~35/43.83	15~31/24.58	12~50/27.5	2~6/4.08	15
ZJ5-10	2065.92~2069.09	2	4.5~20/12.25	57~62/59.5	26~28/27	8~12/10	2~5/3.5	15
	2078.4~2086.55	2	3.5~4.6/4.05	58~61/59.5	19~27/23	12~13/12.5	3~7/5	15~20/17.5
	2091.6	1	3.8	46	32	17	5	20
ZJ5	1915.95	1	2	17	36	47		25
ZJ11	2110.35	3	9~12/10.5	10~28/17	16~29/21	35~64/50.33	7~9/8.33	20
	2173.13	4	9~16/12	10~36/29.71	1~9/7.43	14~36/22.57	32~47/38.71	20
综合特征		27	2~20/6.16	10~62/31.63	1~31/23.45	8~64/28.32	2~47/8.77	15~20/18.44

注：8~64/28.32 表示最小值~最大值/平均值。

1. 伊利石

镇泾地区长 6 砂岩储层中伊利石平均含量为 23.45%（表 3-6），主要分布在粒间和粒表（图 3-12a、b）呈颗粒包膜式产出，将储层中的大孔道分割成小孔道，造成了储层具有较高的含水饱和度，形成水锁，同时，颗粒表面的毛发状或丝缕状的伊利石微晶集合体会进一步分散，呈微粒运移，堵塞孔道。因此，伊利石对储层的潜在损害是强水锁、速敏、碱敏，其次是盐敏/水敏和酸敏等。

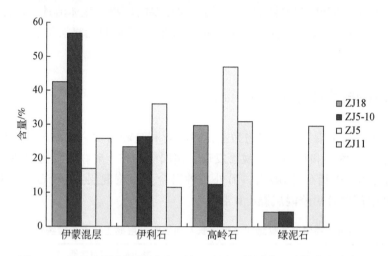

图 3-11　鄂尔多斯盆地镇泾地区长 6 油层组储层黏土矿物分布直方图

2. 高岭石

高岭石是岩石与孔隙水在弱酸性沉积环境中发生化学反应的产物，长 6 砂岩储层中高岭石的析出常与长石的溶蚀作用伴生，高岭石的产生也常填充储层孔隙（图 3-12c），而溶蚀作用常能够形成部分次生孔隙，一定程度上缓解了高岭石的生成对储层孔隙的影响。另外，高岭石多呈散点式孔隙充填产状（图 3-12d），对储层孔喉连通性的影响也很小，因此，自生高岭石的发育对储层孔隙度的影响并不明显。但由于长 6 储层中高岭石颗粒较大，在岩石颗粒表面附着不牢固，当外来流体或油气层中流体以较高流速流经孔隙通道时，所产生的剪切力使高岭石脱落并随流体在孔道中发生移动，较大颗粒的高岭石就有可能在喉道内形成堵塞，对注水开发的影响较大。

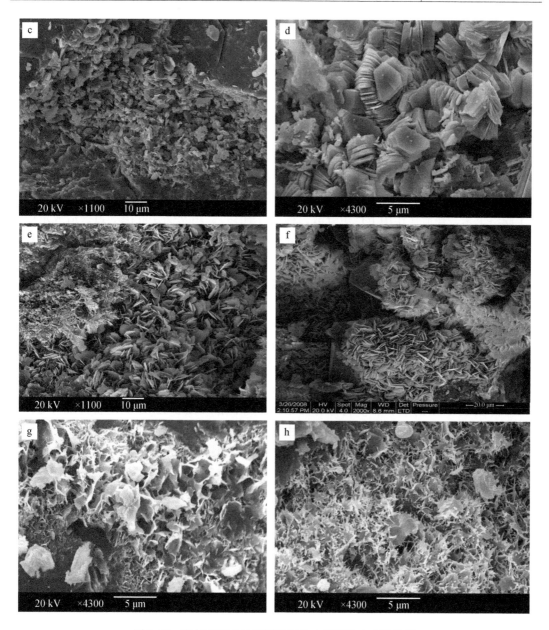

图 3-12　鄂尔多斯盆地镇泾地区长 6 储层黏土矿物特征

a. 伊利石环边胶结，HH105 井，2193.08 m，（+）；b. 颗粒表面片状伊利石，HH105 井，2193.08 m；c. 充填于粒间的高岭石，HH105 井，2160.6 m；d. 粒间书页状高岭石，HH105 井，2160.6 m；e. 石英表面上针叶状绿泥石，HH105 井，2160.6 m；f. 石英表面上针叶状绿泥石，HH105 井，2160.6 m；g. 伊蒙混层覆于颗粒表面，ZJ21 井，2291.14 m；h. 伊蒙混层充填孔隙，ZJ21 井，2291.14 m

3. 绿泥石

长 6 砂岩储层中绿泥石多为自生成因，主要以孔隙衬边形式产出（图 3-12e）。在扫描电镜下呈六方薄片状自形晶，晶体互相交叉，围绕砂岩碎屑颗粒呈栉壳环边生长，或附于孔隙壁上作为孔隙衬里（图3-12f）。绿泥石的生长可阻止石英和长石的再生长，既有利于砂体孔隙的保存，也有助于保持孔隙结构，降低成岩作用对孔隙结构的破坏，自生绿泥石包膜不发育的砂体孔喉分选往往较差。但因研究区长6油层砂岩中绿泥石含量较少，绿泥石的这种作用表现得并不明显。

4. 伊蒙混层

长6砂岩储层中伊蒙混层平均含量为31.63%（表3-6）。伊蒙混层主要由蒙脱石转化形成，有两种产状：以絮凝状、团块状集合体覆盖于颗粒表面（图3-12g）；或以蜂窝状集合体充填粒间（图3-12h）。前者对水有较强的敏感性，遇水可膨胀使矿物碎片从骨架颗粒上脱落下来，在流体作用下产生分散、移动（迁移），堵塞储层孔隙喉道，造成水敏性油气层损害，在伊蒙混层水化膨胀、脱落的同时，和其相关的其他黏土矿物及非黏土微粒也随之脱落、迁移，造成更严重的油气层损害。后者在油气开采过程中易被流体打碎、迁移至喉道，形成堵塞，产生速敏性油气层损害。

5. 黏土矿物演化

黏土矿物及其演化特征是划分成岩作用阶段的重要标志之一，其与含油盆地的有机质成熟过程、新成岩矿物形成和次生孔隙发育程度有着极为密切的关系。2065～2115 m，伊/蒙混层、伊利石黏土矿物随着深度的增加，其含量逐渐减少，伊蒙混层由2065 m的62%下降到2115 m的12%，伊利石由62%下降到13%（图3-13）；高岭石含量的变化与伊蒙混层、伊利石黏土矿物呈镜像关系，由2065 m的12%增大到2115 m的64%。高岭石是酸碱度的灵敏度指标，是油气运聚高峰前夕有机酸溶蚀作用的产物。镜下观察在此深度段的岩石多发育长石、岩屑的溶蚀作用，溶蚀程度深的甚至成为铸模孔。

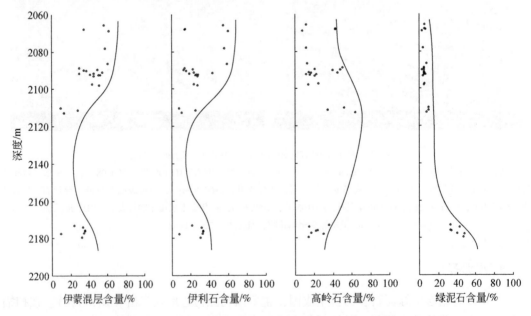

图3-13　鄂尔多斯盆地镇泾地区长6储层黏土矿物剖面

因此，我们认为此深度段的成岩环境为酸性，有利于次生孔隙的形成。2170~2180 m段，伊蒙混层、伊利石黏土矿物随深度逐渐增大，高岭石逐渐减小，表明 pH 在本段增大，成岩环境从酸性过渡为碱性，镜下观察也发现在本段中碳酸盐胶结物较为发育，面孔率较低。

3.2.2　长 8 储层黏土矿物特征

对储层岩石样品 X 射线衍射数据分析表明，镇泾地区长 8 砂岩储层中主要有伊利石、高岭石、绿泥石和伊蒙混层四种黏土矿物（表3-7，图3-14）。

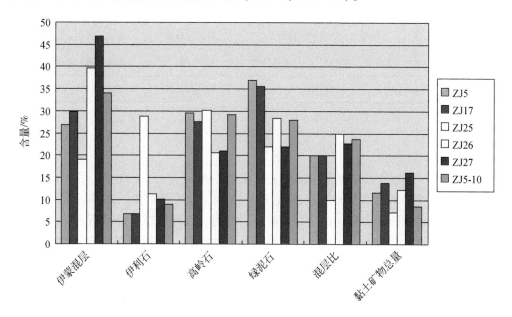

图 3-14　鄂尔多斯盆地镇泾地区长 8 油层组储层黏土矿物分布直方图

表3-7　鄂尔多斯盆地镇泾地区长 8 油层组储层黏土矿物组成（张霞等，2011b；Zhang et al.，2012）

井名	井段 /m	样品 数/个	黏土矿物 总量/%	黏土矿物相对含量/%				伊蒙 混层比/%
				绿泥石	高岭石	伊蒙混层	伊利石	
ZJ9	2266~2273	10	7~19/11.7	28~43/36.9	18~44/29.5	10~38/26.8	4~11/6.8	20
ZJ17	2254~2266	10	8~19/13.9	21~45/35.7	16~43/27.6	18~38/29.8	5~9/6.9	20
ZJ25	2258~2270	4	5~9/7.25	13~26/22	24~37/30.3	11~25/19	17~39/28.8	10
ZJ26	2059~2075	9	9.5~17.9/12.17	9~43/28.3	10~29/20.7	30~59/39.7	6~22/11.3	25
ZJ27	2189~2200	9	7.3~35.7/16.09	6~36/22	10~31/21	28~68/46.9	5~16/10.1	20~25/22.8
ZJ5-10	2251~2274	8	5.2~13.8/8.63	16~36/28	19~46/29.1	26~39/34	7~15/8.9	20~25/23.8
综合特征		50	5~35.7/11.62	6~45/29.8	10~46/26	10~68/33.9	4~39/10.3	10~25/21.2

注：7~19/11.7 表示最小值~最大值/平均值。

1. 伊利石

镇泾地区长 8 砂岩储层中伊利石含量较低，在 4% ~ 39% 之间，平均 10.3%（表 3-7），主要分布在粒间和粒表，产状为丝缕状、毛发状和桥接状等形式（图 3-15a），伊利石的这种产状将储层中大孔道分割成小孔道，造成储层高含水饱和度，形成水锁；同时，毛发状或丝缕状的伊利石微晶集合体可能会进一步分散，呈微粒运移，堵塞孔道，因此，伊利石对储层的潜在损害是强水锁、速敏、碱敏，其次是盐敏/水敏和酸敏等（表 3-8）。

表 3-8　鄂尔多斯盆地镇泾地区长 8 油层组储层黏土矿物的基本存在形式及潜在损害

矿物	结构类型	产状	赋存形式	潜在损害形式
伊利石	2∶1	丝缕状、毛发状、搭桥状	粒间及粒表	水锁、碱敏、速敏、水敏
高岭石	1∶1	蠕虫状、书页状、片状杂乱分布	粒间	速敏、碱敏、酸敏、水锁
绿泥石	2∶1+1	片状	粒间及粒表	速敏、碱敏、酸敏、水锁

2. 高岭石

镇泾地区长 8 油层组砂岩储层中高岭石含量高，在 10% ~ 46% 之间，平均 26%（表 3-7），主要以粒间充填的集合体形式存在（图 3-15b），分散状较少。高岭石成因可归结为蚀变型及孔隙析出型两种类型，蚀变型高岭石可分为长石碎屑蚀变高岭石、填隙物中的杂基碎屑蚀变高岭石，长石蚀变高岭石保留有长石溶蚀轮廓，杂基碎屑蚀变高岭石则堆积紧密，而孔隙析出型则表现为堆积较分散。

高岭石晶片间发育大量的晶间孔（图 3-15c），为储集油气提供丰富的储集空间，但晶间孔孔径太小，较大的毛管力为外来流体进入储层提供了足够大的动力，加之岩石的比表面积大，因此外来水相易于在高岭石集合体中形成水相圈闭。所以，高岭石对储层潜在损害为水锁、碱敏、酸敏和速敏（表 3-8）。

3. 绿泥石

绿泥石是研究区储层中常见的自生矿物，含量分布较为稳定，一般在 6% ~ 45% 之间，平均 29.8%（表 3-7），常以胶结物的形式存在，有多种产状，根据其晶体排列方式及与颗粒的接触关系，可分为颗粒包膜、孔隙衬里和孔隙充填三类：①颗粒包膜绿泥石呈薄膜状包裹整个颗粒，厚度一般不足 1 μm，单个绿泥石晶体很小，晶体延长方向在颗粒与孔隙接触处垂直或斜交于颗粒表面（图 3-15d），而在颗粒与颗粒接触处平行于颗粒表面；②孔隙衬里绿泥石是研究区自生绿泥石的主要产出形式，与颗粒包膜绿泥石的区别在于其只生长在与孔隙接触的颗粒表面，而在颗粒与颗粒接触处不发育（图 3-15e），单个绿泥石晶体呈针状或竹叶状垂直于颗粒表面向孔隙中心方向生长，且由颗粒边缘向孔隙中心方向自形程度逐渐变好，叶片增大变疏，厚度一般为 5 ~ 15 μm，常吸附烃类物质，显微镜下为褐黄色或黑色，此外，孔隙衬里绿泥石也可由伊蒙混层黏土矿物转化而来，自形程度一

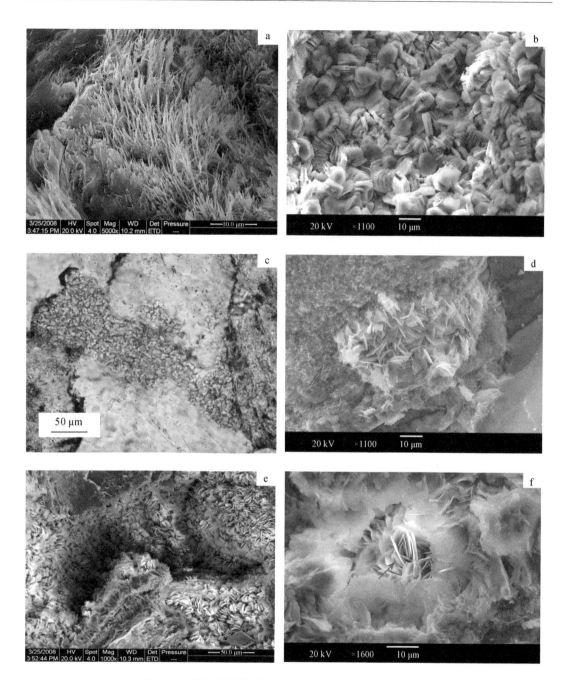

图 3-15　鄂尔多斯盆地镇泾地区长 8 储层黏土矿物特征

a. 毛发状伊利石，ZJ19 井，2291.14 m；b. 蠕虫和书页状高岭石，HH105 井，2247.37 m；c. 高岭石，蓝色铸体薄片，ZJ5 井，2146.82 m，(−)；d. 颗粒包膜绿泥石（箭头所指），HH105 井，2291.14 m；e. 孔隙衬里绿泥石，ZJ19 井，2291.14 m；f. 石英表面上针叶状绿泥石，HH105 井，2291.14 m

般不好，呈蜂窝状覆盖于颗粒表面，含量少，阴极发光下大部分孔隙衬里绿泥石不发光或发棕褐色光，少部分发亮绿色光，这可能与研究区孔隙衬里绿泥石 Fe 含量高，Mn 含量低有关，Fe^{2+} 是阴极发光的猝灭剂，对发光起抑制作用；③孔隙充填绿泥石，含量少，晶体大，自形程度高，晶体延长方向和颗粒之间没有明显的垂直或平行关系，当多个绿泥石相互聚合在一起时，有的边与边接触，有的边与面接触形成玫瑰花状（图 3-15f）和绒球状集合体，或呈分散片状，主要充填于孔隙衬里绿泥石胶结后的残余原生粒间孔中，其次为次生溶孔。

长 8 储层中绿泥石胶结物主要发育在辫状河三角洲前缘的水下分流河道和河口坝砂体中，这两个沉积环境由于水动力较强，沉积物以粒度较粗、分选较好的刚性碎屑颗粒为主，杂基和塑性岩屑含量相对较少，沉积物在成岩早期有大量原生孔隙保存下来，为成岩过程中绿泥石胶结物的形成提供了所需生长空间。

4. 伊蒙混层

伊蒙混层黏土矿物在镇泾地区长 8 储层中的含量也非常高，在 10%～68% 之间，平均 33.9%。主要分布在碎屑颗粒表面，呈蜂窝状，损害分式主要有水敏、碱敏和速敏（表 3-8）。

5. 黏土矿物演化

根据黏土矿物 X 射线衍射全定量分析数据进行投点，得到了镇泾地区长 8 储层岩石的黏土矿物剖面（图 3-16），从图中可以看出，伊利石含量在 2000～2225 m 井段变化不大，2225～2280 m 井段为伊利石含量的异常高值带，2260 m 附近达高值，为 40%；绿泥石的含量先从 2050 m 附近的 45% 下降到 2200 m 附近的 40% 左右，2225～2280 m 井段也是绿泥石胶结物的异常高值带，最高值可达 50%；高岭石是酸碱度的灵敏度指标，在 2050～2225 m 井段含量变化不大，而在 2225～2280 m 井段含量达到最高值，为 50%，岩石薄片和扫描电镜观察主要为长石和杂基蚀变高岭石以及自生高岭石，代表油气运聚高峰期前有机酸溶蚀作用的产物。伊蒙混层矿物指示有两个变化旋回，分别为 2050～2125 m 和 2150～2280 m 井段，2075 m 和 2200 m 附近伊蒙混层黏土矿物含量达到最高值，为 45%，在 2260 m 附近含量达到最低值，为 40%。

3.2.3　长 9 储层黏土矿物特征

黏土矿物对于研究储层物性来说是一类非常重要的矿物，它是一类敏感性矿物，流体流速、流体化学性质变化均可能引发微粒失稳，分散、运移或形成不利的无机沉淀，导致储层渗透性降低。对储层岩石样品 X 射线衍射数据分析表明，镇泾地区长 9 砂岩储层中主要有伊利石、高岭石、绿泥石和伊蒙混层四种黏土矿物（表 3-9，图 3-17），其具体特征如下。

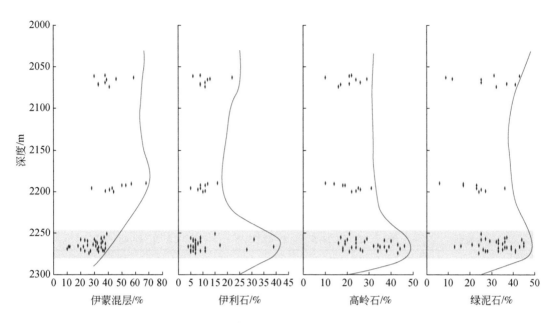

图 3-16　鄂尔多斯盆地镇泾地区长 8 储层黏土矿物剖面

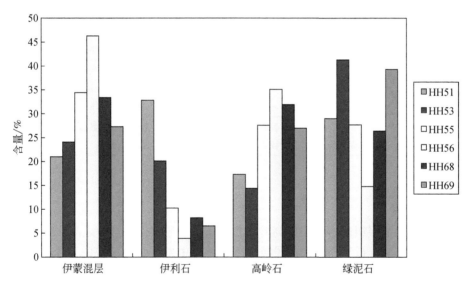

图 3-17　鄂尔多斯盆地镇泾地区长 9 油层组储层黏土矿物分布直方图

1. 伊利石

镇泾地区长 9 砂岩储层中伊利石含量较低，在 1%~48% 之间，平均为 13.8%（表 3-9），主要分布在粒间和粒表（图 3-18a、b），呈颗粒包膜式产出，伊利石的这种产状将储层中大孔道分割成小孔道，造成储层含水饱和度较高，形成水锁；同时，颗粒表面的毛发状或丝缕状的伊利石微晶集合体可能会进一步分散，呈微粒运移，堵塞孔道，因此，伊利石对储层的潜在损害是强水锁、速敏、碱敏，其次是盐敏/水敏、酸敏等（表3-10）。

表3-9　鄂尔多斯盆地镇泾地区长9油层组储层黏土矿物含量统计表

井名	井深/m	个数	黏土矿物相对含量/%				伊蒙混层/%
			绿泥石	高岭石	伊蒙混层	伊利石	
HH51	1856.28~1868.5	8	21~48/29	14~22/17.3	9~43/21	14~48/32.8	20
HH53	2068.8~2084.26	7	28~52/41.3	12~17/14.4	16~33/24.1	15~30/20.1	20
HH55	2089.43~2099.54	10	15~47/27.7	15~47/27.6	19~50/34.4	4~18/10.3	20~45/26
HH56	2091.93~2095.5	8	12~20/14.8	28~40/35.1	37~54/46.3	1~10/3.0	20~30/23.8
HH68	1768.9~1779.58	9	16~39/26.4	22~36/31.9	16~43/33.4	5~23/8.2	20
HH69	2050.76~2058.74	4	23~62/39.3	24~30/27	9~41/27.3	5~8/6.5	20
综合特征		46	12~62/28.5	12~47/25.9	9~54/31.8	1~48/13.8	20~45/24.2

注：21~48/29表示最小值~最大值/平均值。

表3-10　鄂尔多斯盆地镇泾地区长9储层黏土矿物的基本存在形式及潜在损害

矿物	结构类型	产状	赋存形式	潜在损害形式
伊蒙混层	2：1	片状、丝状、蜂窝状	粒间及粒表	丝状伊蒙混层分隔孔喉、片状伊蒙混层填积孔隙分隔孔隙喉道，堵塞储层，使储层物性变差。水锁、碱敏、速敏、水敏
绿泥石	2：1：1	鳞片状、针叶状	孔隙衬里	孔隙衬里绿泥石降低压实作用对储层孔隙的缩小，抑制石英次生加大边的形成，为酸性流体的进入及溶解物质的带出提供通道，对储层起保护作用。水锁、碱敏、速敏、水敏
伊利石	2：1	片状、片丝状、毛发状	粒间及粒表	毛发状伊利石分隔孔喉、片状伊利石填积孔隙分隔孔隙喉道；且伊利石易于水化膨胀，分散运移，增大束缚水饱和度，使储层物性变差。速敏、碱敏、酸敏、水锁
高岭石	1：1	蠕虫状、片状杂乱分布	粒间及少量粒表	高岭石的出现是次生溶蚀孔隙的显著富集，有利储层发育的标志。速敏、碱敏、酸敏、水锁

2. 高岭石

镇泾地区长9油层组砂岩储层中高岭石含量高，介于12%~47%之间，平均为25.9%（表3-9），高岭石是岩石与孔隙水在弱酸性沉积环境中发生化学反应的产物。镇泾地区长9油层组砂岩储层中高岭石的析出常与长石的溶蚀作用伴生，高岭石也常填充储层孔隙（图3-18c），而溶蚀作用常能够形成次生孔隙，一定程度上缓解了高岭石的生成对储层孔隙的影响；此外，高岭石多呈散点式孔隙充填产状，对储层孔喉连通性的影响也很小，因此，自生高岭石的发育对储层孔隙度的影响并不明显。高岭石晶片间发育大量的晶间孔（图3-18d），为储集油气提供丰富的储集空间，但晶间孔孔径太小，较大的毛管力为外来流体进入储层提供了足够大的动力；加之岩石的比表面积大，因此，外来水相易于在高岭石集合体中形成水相圈闭。但由于储层中高岭石颗粒较大，在岩石颗粒表面附着不牢固，当外来流体或油气层中流体以较高流速流经孔隙通道时，所产生的剪切力使高岭石脱落并随流体在孔道中发生移动，较大颗粒的高岭石就有可能在喉道内形成堵塞，对注水开发的影响较大。所以，高岭石对储层潜在损害为水锁、碱敏、酸敏和速敏（表3-10）。

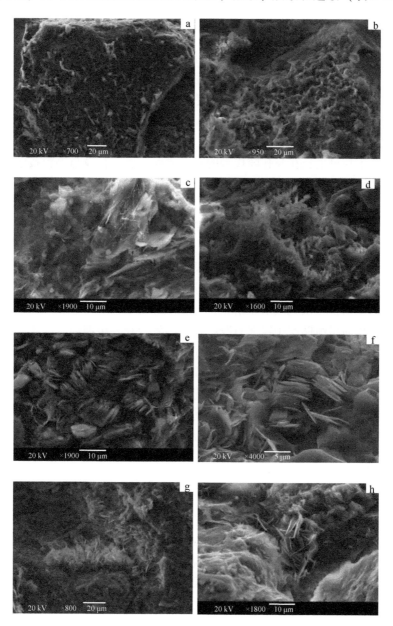

图 3-18　鄂尔多斯盆地镇泾地区长 9 储层黏土矿物扫描电镜特征

a. 伊蒙混层覆于颗粒表面，HH56 井，2104.5 m；b. 伊蒙混层充填孔隙，HH56 井，2098.83 m；c. 丝缕状伊利石胶结物，HH56 井，2100.54 m；d. 伊利石胶结物充填孔隙，HH68 井，1747.55 m；e. 书页状高岭石胶结物，HH68 井，1761.36 m；f. 充填于粒间的书页状高岭石，HH55 井，2104.27 m；g. 孔隙衬里绿泥石，HH56 井，2098.83 m；h. 充填于颗粒间绿泥石，HH56 井，2104.5 m

3. 绿泥石

绿泥石是研究区储层中常见的自生矿物，分布于12%～62%之间，平均为28.5%（表3-9），常以胶结物的形式存在。绿泥石有多种产状，根据其晶体排列方式及与颗粒的接触关系，可分为颗粒包膜绿泥石、孔隙衬里绿泥石和孔隙充填绿泥石三类：①颗粒包膜绿泥石（图3-18e）呈薄膜状包裹整个颗粒，厚度一般不足1 μm，单个绿泥石晶体很小，晶体延长方向在颗粒与孔隙接触处垂直或斜交于颗粒表面，而在颗粒与颗粒接触处平行于颗粒表面。②孔隙衬里绿泥石（图3-18f）是研究区自生绿泥石的主要产出形式，与颗粒包膜绿泥石的区别在于其只生长在与孔隙接触的颗粒表面，而在颗粒与颗粒接触处不发育；单个绿泥石晶体呈针状或竹叶状垂直于颗粒表面向孔隙中心方向生长，且由颗粒边缘向孔隙中心方向自形程度逐渐变好，叶片增大变疏，厚度一般为5～15 μm，常吸附烃类物质，显微镜下为褐黄色或黑色；此外，孔隙衬里绿泥石也可由伊蒙混层黏土矿物转化而来，自形程度一般不好，呈蜂窝状覆盖于颗粒表面，含量少。③孔隙充填绿泥石，含量少，晶体大，自形程度高，晶体延长方向和颗粒之间没有明显的垂直或平行关系。当多个绿泥石相互聚合在一起时，有的边与边接触，有的呈分散片状，主要充填于孔隙衬里绿泥石胶结后的残余原生粒间孔中，其次充填次生溶孔。

镇泾地区长9油层组储层中绿泥石胶结物主要发育在三角洲前缘的水下分流河道和河口坝砂体中，由于这两种沉积环境水动力较强，沉积物以粒度较粗、分选较好的刚性碎屑颗粒为主，杂基和塑性岩屑含量相对较少，沉积物在成岩早期有大量原生孔隙保存下来，为成岩过程中绿泥石胶结物的形成提供了所需生长空间。绿泥石的生长可阻止石英和长石的再生长，既有利于砂体孔隙的保存，也有助于保持孔隙结构，降低成岩作用对孔隙结构的破坏，自生绿泥石包膜不发育的砂体孔喉分选往往较差（表3-10）。

4. 伊蒙混层

镇泾地区长9储层中伊蒙混层黏土矿物的含量非常高，分布在9%～54%之间，平均为31.8%。伊蒙混层主要由蒙脱石转化形成，有两种产状：以絮凝状、团块状集合体覆盖于颗粒表面（图3-18g）；或以蜂窝状集合体充填粒间（图3-18h）。前者对水有较强的敏感性，遇水可膨胀使矿物碎片从骨架颗粒上脱落下来，在流体作用下产生分散、移动（迁移），堵塞储层孔隙喉道，造成水敏性油气层损害。在伊蒙混层水化膨胀、脱落的同时，和其相关的其他黏土矿物及非黏土微粒也随之脱落、迁移，造成更严重的油气层损害。后者在油气开采过程中易被流体打碎、迁移至喉道，从而形成堵塞，产生速敏性油气层损害（表3-10）。

5. 黏土矿物演化

黏土矿物及其演化特征是划分成岩作用阶段的重要标志之一。黏土矿物含量的变化主要受埋深即温度和压力的控制，一般随着埋深的加大，压力和温度增高，蒙脱石和高岭石含量逐渐减少，伊利石和绿泥石含量逐渐增加。黏土矿物还与含油盆地的有机质成熟过程、新成岩矿物形成和次生孔隙发育程度有着极为密切的关系。黏土矿物是一种重要的填隙物，它的存在对储层孔隙发育有较大影响。由于伊利石、高岭石及绿泥石等的充填使原生孔隙、喉道大部分被堵塞，从而减小了储集空间和孔隙连通性，不利于形成较好的储层。

根据黏土矿物 X 射线衍射全定量分析数据进行投点，得到了镇泾地区长 9 储层岩石的黏土矿物剖面（图 3-19），从中可以看出，绿泥石的含量先从 1750 m 附近的 40% 下降到 1850 m 附近的 30% 左右，2050~2120 m 井段也是绿泥石胶结物的异常高值带，最高值可达 48%；高岭石是酸碱度的灵敏度指标，从 1750 m 附近的 40% 左右下降到 1850 m 附近的 30% 左右，而在 2050~2110 m 井段含量达到最高值，为 47%，岩石薄片和扫描电镜观察主要为长石和杂基蚀变高岭石以及自生高岭石，代表油气运聚高峰期前有机酸溶蚀作用的产物。1850 m 附近伊蒙混层黏土矿物含量达到最高值，为 45%，在 2100 m 附近含量达到最低值，为 20% 左右；伊利石含量在 1850 m 附近最高，最大可达 40%，在 2100 m 附近伊利石含量最低，为 25%。

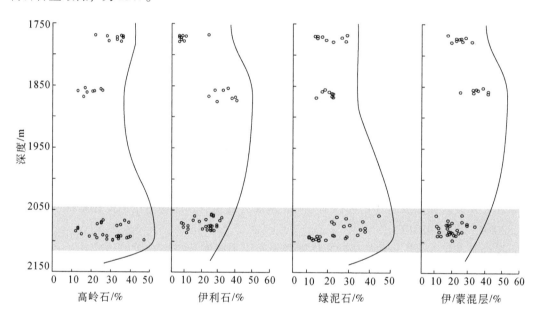

图 3-19　鄂尔多斯盆地镇泾地区长 9 油层组储层黏土矿物剖面

第4章 储层成岩作用研究

沉积物沉积之后，接着被后继沉积物覆盖，与原来的介质逐渐隔绝，进入新的环境，并开始向沉积岩转化，在此过程中，要经受一系列的变化，而且在沉积物变成沉积岩之后，也要遭受长期的改造作用，这种改造一直要继续到变质作用和风化作用之前。其所经历的整个地质时期称为沉积后作用期，期内沉积物（岩）在物质成分、结构、构造以及物理和化学性质等方面发生变化的种种作用，统称为沉积后作用或广义的成岩作用。而我们通常所说的成岩作用指的是狭义的成岩作用，即沉积物沉积之后至固结成岩阶段或低级变质之前，在其表面或内部所发生的一切作用（林春明，2019）。成岩作用的研究不仅具有理论意义，而且有助于了解影响储层孔隙和物性的因素，预测可能的次生孔隙类型及其发育程度，从而更好地为油气评价奠定基础。

4.1 成岩作用类型

沉积物或沉积岩的成岩作用类型主要有压实和压溶作用、胶结作用、交代作用、重结晶作用和矿物的多形转变等，这些作用都是相互联系和相互影响的，其综合效应影响和控制着沉积物（岩）的发育演化历史（林春明，2019）。本次研究通过薄片、铸体薄片、扫描电镜、电子探针观察和对前人资料的分析整理等，并结合成岩作用理论对镇泾地区长6、长8和长9砂岩储层成岩作用进行了分析，从而为确定有利储层奠定了良好基础（林春明等，2009，2010，2012）。

镇泾地区长6、长8和长9砂岩储层成岩作用主要发育破坏孔隙的压实作用和胶结作用，溶解、溶蚀、交代作用等增加孔隙的成岩作用次之。通过薄片、扫描电镜观察及已有资料分析可知，该区压实作用强烈，颗粒排列紧密，孔隙度、渗透率较小，大多数原生孔隙已被充填。溶解、溶蚀、交代作用发育相对较差，因此，储层孔隙的演化是以孔隙的损失为主要特点，主要表现为特低孔特低渗的基本特征，但在局部层位，局部地区有相对孔隙增加的特点，从而形成相对有利的储层。

镇泾地区长6、长8和长9储层成岩作用类型主要有压实作用、压溶作用、胶结作用、溶蚀作用、交代作用等，具体特征如下。

4.1.1 压实和压溶作用

沉积物沉积后，在其上覆水体和沉积物不断加厚的重荷压力下，或在构造应力的作用下，发生水分排出、体积缩小、孔隙度降低、渗透率变差的作用称为压实作用。在沉积物内部可以发生颗粒的滑动、转动、位移、变形、破裂，进而导致颗粒的重新排列和某些结构构造的改变，机械压实意味着沉积物孔隙度和潜在孔隙不可逆消除（林春明等，2011；

张霞等，2012）。影响压实作用的因素主要是负荷力的大小（与埋深有关），其次为沉积物的成分、粒度、形状、圆度、粗糙度、分选性等。此外，沉积物介质的性质、温度和压实的时间等也有影响。沉积物随埋藏深度的增加，当上覆地层压力或构造应力超过孔隙水所承受的静水压力时，会引起沉积物颗粒接触点上晶格变形或溶解，这种局部溶解称为压溶作用。总的来说，压溶作用与压实作用是同一物理–化学作用的两个不同阶段，它们是连续进行的，压溶作用过程中，一直都有压实作用的伴随（林春明，2019）。

压实和压溶作用是研究区最重要的成岩作用之一，总体来看，孔隙度随埋深的加大逐渐下降，反映了压实对孔渗的破坏作用。颗粒接触关系由点接触→线接触→凹凸接触→缝合线接触，反映压实程度的增加。

研究区长6、长8和长9油层组砂岩在埋藏成岩过程中经历了不同程度的压实作用，在孔隙衬里绿泥石发育的中–细粒长石砂岩中，碎屑颗粒间呈点–线状接触，机械压实作用强度较弱；在孔隙衬里绿泥石不发育而泥质杂基含量较高的砂岩中，机械压实作用强烈，主要表现在：①岩石碎屑颗粒呈明显的定向排列（图4-1a）；②颗粒间多呈线接触（图4-1b），部分为凹凸接触；③长石、石英、云母等脆性颗粒的压实破碎及挤压变形（图4-1c、d、e）；④云母片、千枚岩等塑性颗粒受压变形，薄膜状分布于颗粒周围；⑤部分泥岩、千枚岩等塑性碎屑受压呈假杂基状充填于粒间（图4-1f）。可见砂岩埋藏过程中，成岩作用早期绿泥石薄膜的析出和初步固结作用，有效保护了此类砂岩的原生孔隙，并为后期溶蚀型次生孔隙的形成提供了有效的通道和空间。

通常情况下，埋深大于3000 m时，上覆地层压力或构造压力超过孔隙水所能承受的静水压力时，引起颗粒接触点上晶格变形和溶解，这种局部溶解称为压溶作用。但由于镇泾地区长6、长8和长9油层组储层埋深较浅，压溶作用不太强烈。

4.1.2 胶结作用

胶结作用是指松散的沉积颗粒，被化学沉淀物质或其他物质充填连接的作用，其结果使沉积物变为坚固的岩石。胶结作用是沉积物转变成沉积岩的重要作用，也是使沉积层中孔隙度和渗透率降低的主要原因之一。胶结作用可以发生在成岩作用的各个时期。胶结物是指从孔隙溶液中沉淀出来的矿物质，种类多样，主要有碳酸盐、硅酸盐、硫酸盐等，其他较常见的胶结物有氧化铁、黄铁矿、白铁矿、萤石、沸石等。此外，黏土矿物作为胶结物在陆源碎屑岩中也有广泛的分布，也是碎屑岩中常见的胶结物类型。胶结物的形成具有世代性，后来的胶结物可以在先前的胶结物基础上生长，也可取代早期胶结物而生长。胶结物在生长时，既可以在同成分的底质上形成，也可以在不同的底质上沉淀（林春明，2019）。

研究区长6、长8和长9储层的胶结物类型主要有自生黏土矿物（伊利石、高岭石、绿泥石和伊蒙混层等）、碳酸盐胶结物（方解石和白云石）和硅质胶结物（石英次生加大及自生石英颗粒）等，胶结类型以孔隙式胶结为主，次为薄膜–孔隙式和镶嵌–孔隙式胶结。

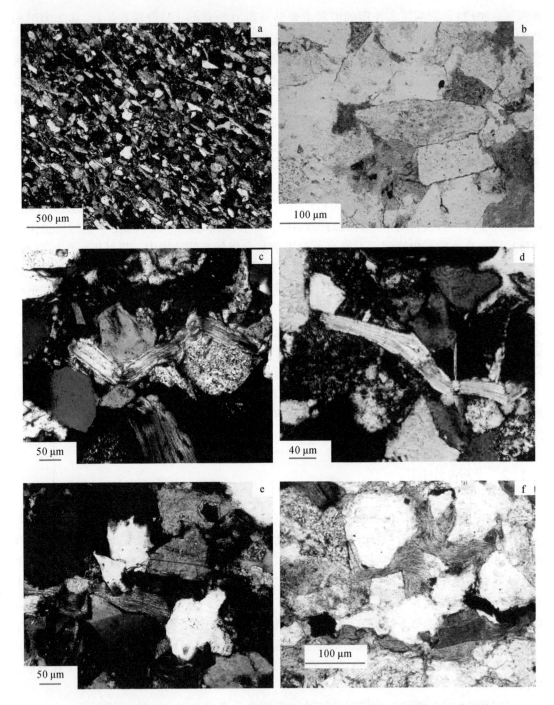

图 4-1　鄂尔多斯盆地镇泾地区长 6、长 8 和长 9 储层偏光显微镜下压实作用的典型特征

a. 碎屑定向排列，ZJ19 井，2294.55 m，长 8，（+）；b. 颗粒间呈线接触，ZJ5 井，2154.33 m，长 8，（−）；c. 黑云母塑性变形，HH105 井，2216.76 m，长 6，（+）；d. 云母弯曲变形，HH55 井，2107.83 m，长 9，（+）；e. 黑云母塑性变形，HH105 井，2216.76m，长 6，（+）；f. 黑云母假杂基化，ZJ19 井，2294.555 m，长 8，（−）

1. 自生黏土矿物胶结作用

黏土矿物是砂岩中一种较重要的填隙物，常见的黏土矿物有伊利石、高岭石、绿泥石、蒙脱石等，它们有自生的和他生的两种。他生的黏土矿物系来源于源区的母岩风化产物，是搬运介质中或者在沉积环境中由胶体溶液的凝聚作用与碎屑物同时沉积下来的。自生的黏土矿物来源于孔隙中沉淀生成或再生的黏土矿物，自生的黏土矿物才是真正的胶结物，但数量上比前者要少（林春明，2019）。黏土矿物在储层中主要表现为可塑性，容易压实变形并充填到孔隙当中损害储层物性。

1）伊利石胶结物

伊利石胶结物在长 6、长 8、长 9 储层中呈不规则的细小晶片产出，主要分布在粒间和粒表，产状为桥接状、毛发状和丝缕状等形式（图 4-2a、b、c），伊利石的这种产状将储层中大孔道分割成小孔道，造成储层的高含水饱和度，形成水锁；同时，毛发状或丝缕状的伊利石微晶集合体可能会进一步分散，呈微粒运移，堵塞孔道。因此，伊利石对储层的潜在损害是强水锁、速敏、碱敏，其次是盐敏、水敏、酸敏等（表 3-8、表 3-10）。伊利石结晶程度随埋藏深度的增加而变好，最后转化成绢云母。长 6、长 8 和长 9 砂岩储层中部分伊利石是在成岩早期由钾长石水解形成的，而大量的伊利石是由蒙脱石成岩转化形成的，扫描电镜下在卷曲片状伊蒙间层矿物的表面见发丝状的伊利石。蒙脱石向伊利石转化的条件是在温度、压力增加，富钾的碱性条件下，水介质中的 Al^{3+}、K^+ 置换蒙脱石中的 Mn^{2+}，转化为伊利石。

图 4-2　鄂尔多斯盆地上三叠统延长组伊利石黏土矿物胶结物特征（林春明，2019）

a. 颗粒边缘为桥接状伊利石边，（+）；b. 毛发状伊利石，扫描电镜；c. 丝缕状伊利石，扫描电镜

2）伊蒙混层胶结物

混层黏土矿物可分为伊利石–蒙脱石混层矿物或绿泥石–蒙脱石混层矿物。伊蒙混层矿物在形态上介于伊利石和蒙脱石之间，如混层晶格中富含伊利石层，其形态近似于伊利石，呈不规则晶片状结构；如混层晶格中富含蒙脱石层，则呈类似于蒙脱石的皱纹状或蜂窝状结构。绿蒙混层矿物也具有类似的特征。混层黏土是自生黏土矿物中最常见的一类黏土，多呈孔隙充填产状产出。伊蒙混层黏土矿物是蒙脱石向伊利石转化的过渡产物，其遇水膨胀后易堵塞孔喉，对储层物性起破坏作用。

研究区在长 6 砂岩中广泛存在伊蒙混层黏土矿物胶结，电镜下伊蒙混层矿物在形态上介于蒙脱石和伊利石之间（图3-12g、h），多以孔隙衬垫和充填的形式出现，对孔隙性和渗透性具有较大的负面影响。长8砂岩中伊蒙混层晶格中富含蒙脱石层，则呈类似于蒙脱石的皱纹状或蜂窝状结构（图4-3a～d），能谱分析结果显示，HH105井2296.56 m深的长8储层蜂窝状结构的伊蒙混层成分为 SiO_2（53.13%～56.20%）、Al_2O_3（31.81%～33.66%）、K_2O（6.12%～6.13%）、MgO（1.60%～2.31%）、FeO（0.79%～5.95%）。在埋藏成岩过程中，随着埋藏深度的增加蒙脱石逐渐转变为伊蒙混层，黏土矿物的纵向分布也表明了这一演化特征。

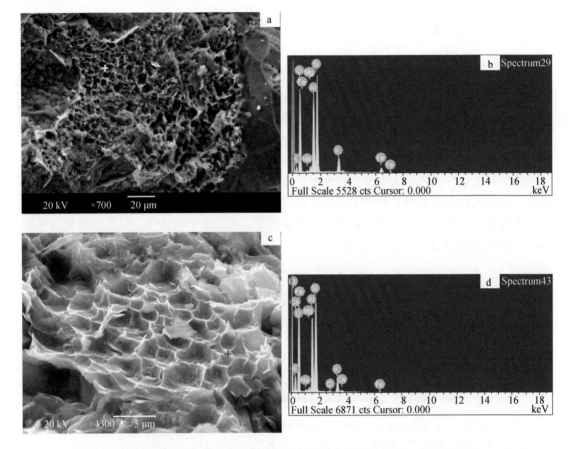

图4-3　镇泾地区延长组砂岩扫描电镜下伊蒙混层胶结物的特征（HH105井，2296.56 m，长8）

a. 蜂窝状结构，黄色+为能谱打点位置；b. a图伊蒙混层胶结物的能谱图；

c. 蜂窝状结构，红色+为能谱打点位置；d. c图伊蒙混层胶结物的能谱图

研究区富杂基的微-细粒砂岩中发育有杂基胶结作用，胶结强度与杂基含量和压实强度呈正相关性，杂基含量高的砂岩胶结致密，且很少被后期溶蚀改造，为非常不利于储层发育的成岩作用类型。

3）高岭石胶结物

高岭石在薄片下较易辨认，一般呈假六边形晶片，集合体呈书页状或蠕虫状，为孔隙充填集合体形式，分散状较少。

　　高岭石是研究区砂岩中含量较多的自生黏土矿物，由于自生高岭石本身具有较多的晶间孔隙（图4-4a、b），同时也代表了比较强的长石溶解作用发生，因而具有较高的孔隙度，高岭石的含量和孔隙度之间一般呈正相关关系。因此，研究区出现强高岭石化对微孔的增加无疑具建设性作用。砂岩中的自生高岭石具有两种不同成因类型，一种是长石蚀变形成，其集合体保持了原颗粒外形。另一种则是从酸性孔隙水中直接沉淀而成，呈分散状充填孔隙。据薄片观察，长6储层中高岭石的分布具有很强的非均质性，这可能与长石碎屑颗粒的不均匀溶解有关；长8砂岩储层自生高岭石形成较早，浅处即有分布，主要由长石转化而成。更深处，随着长石、含长石质颗粒的溶解，次生孔隙的发育，可见高岭石局部充填；长9储层中自生高岭石胶结物主要呈书页状、蠕虫状充填于粒间孔隙中（图3-18e、f），造成粒间孔隙的大量丧失，自生高岭石的分布具有很强非均质性，这可能与长石碎屑颗粒的不均匀溶解有关。研究区高岭石胶结物的其他存在形式就是长石、岩屑、杂基的高岭土化，高岭石主要呈它们的假象存在于岩石中，如火山岩岩屑蚀变高岭石紧密充填（图4-4c）。

　　一般来说，高岭石胶结物的出现往往会导致砂岩粒间孔隙被充填，对储层物性起破坏作用。然而，高岭石是岩石与孔隙水在弱酸性沉积环境中发生化学反应的产物，砂岩中高岭石的析出常与长石的溶蚀作用伴生，溶蚀作用常能够形成部分次生孔隙，一定程度上缓解了高岭石的生成对储层孔隙的影响。此外，在分析自生高岭石胶结物对储层物性的影响时，仅仅从高岭石是否发育来判断储层次生孔隙的发育情况远远不够，还应结合其形成时周围流体作用条件进行综合分析。当储层中含油气流体渗透速度较高时，高岭石易于迁移至别处，储层物性得到改善，反之，高岭石则倾向于原地沉淀，储层物性变差（林春明，2019）。

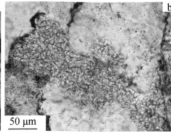

图4-4　鄂尔多斯盆地上三叠统延长组高岭石黏土矿物胶结物特征（林春明，2019）
a. 书页状高岭石，扫描电镜；b. 高岭石充填孔隙，蓝色铸体薄片，(−)；c. 火山岩岩屑蚀变高岭石，(−)

4）绿泥石胶结物

（1）绿泥石矿物的赋存状态

　　研究区长8砂岩储层中绿泥石含量较多，长6、长9砂岩储层中绿泥石较少。绿泥石按成因可划分为陆源碎屑绿泥石、自生绿泥石和蚀变绿泥石三种，以自生绿泥石为主，三者在结构、产状、分布特征等方面有很大区别（张霞等，2011b；Zhang et al.，2012）。陆源碎屑绿泥石是与碎屑颗粒一起沉积的他生绿泥石，主要以杂基的形式分布于碎屑颗粒间，部分呈碎屑颗粒形式存在。陆源碎屑绿泥石具较强的分散性，因搬运和沉积过程中有过磨蚀，晶体形态不规则，边缘呈滚圆或次棱角状，且埋藏过程中受机械压实作用改造常发生弯曲变形（徐同台等，2003），但仍保留其原有的晶体结构和化学组成。自生绿泥石为成岩阶段产物，晶形一般较完整，棱角分明，边缘清晰可辨。自生绿泥石常以胶结物的形式产出，根据其晶体排列方式及与碎屑颗粒的接触关系，可进一步划分为颗粒包膜、孔隙衬里和孔隙充填三种类型。

颗粒包膜绿泥石呈薄膜状包裹整个颗粒，厚度一般不足 1 μm。单个绿泥石晶体很小，晶形不完整，呈不规则片状，晶体延长方向在碎屑颗粒与孔隙接触处垂直或斜交于碎屑颗粒表面（图4-5a），而在相邻碎屑颗粒接触处平行于碎屑颗粒表面分布（图4-6），表明其形成时间较早，早于碎屑颗粒相互接触的初始压实阶段，主要形成于同生成岩阶段。

孔隙衬里绿泥石是自生绿泥石的主要产出形式，其只生长于孔隙接触的碎屑颗粒表面，而在相邻碎屑颗粒接触处不发育（图4-5b），单个绿泥石晶体呈叶片状垂直于碎屑颗粒表面向孔隙中心方向生长，且由碎屑颗粒边缘向孔隙中心方向自形程度逐渐变好，叶片增大变疏（图4-5c），厚度一般为 5～15 μm。阴极发光下孔隙衬里绿泥石一般不发光或发棕褐色光，少部分发亮绿色光。薄片下常可观察到以下特征：①亮晶方解石和自生高岭石胶结物充填于孔隙衬里绿泥石胶结后的残余原生粒间孔中，且对孔隙衬里绿泥石进行交代，表明孔隙衬里绿泥石的形成要早于亮晶方解石和自生高岭石胶结物的沉淀（图4-5d、e）；

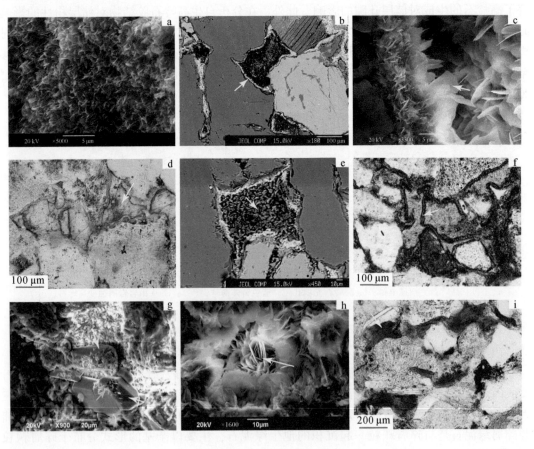

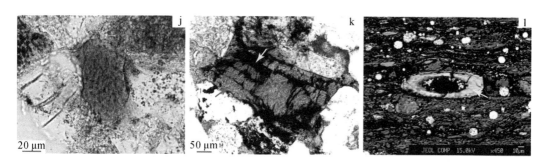

图 4-5　鄂尔多斯盆地三叠系延长组胶结物的分布特征（张霞等，2011b）

a. 颗粒包膜绿泥石在与孔隙接触处垂直或斜交于颗粒表面，呈片状，HH105 井，2262.22 m，扫描电镜；b. 孔隙衬里绿泥石在碎屑颗粒与颗粒接触处不发育（红色箭头所指），而在碎屑颗粒与孔隙接触处发育（黄色箭头所指），HH105 井，2260.79 m，背散射；c. 孔隙衬里绿泥石从碎屑颗粒边缘（红色箭头所指）到孔隙中心（黄色箭头所指）方向颗粒自形程度逐渐变好，叶片增大变疏，HH105 井，2263.92 m，扫描电镜；d. 亮晶方解石胶结物（黄色箭头所指）充填于孔隙衬里绿泥石（红色箭头所指）胶结后的残余原生粒间孔中，并对其进行交代，说明孔隙衬里绿泥石的形成早于亮晶方解石，HH23 井，2012.35 m，（−），染色薄片；e. 自生高岭石胶结物（红色箭头所指）充填于孔隙衬里绿泥石（黄色箭头所指）胶结后的残余原生粒间孔中，并对其进行交代，说明孔隙衬里绿泥石的形成早于自生高岭石胶结物，HH105 井，2009.45 m，背散射；f. 孔隙衬里绿泥石（红色箭头所指）围绕铸膜孔（黄色箭头所指）边缘分布，但在其内未见，说明孔隙衬里绿泥石的形成要早于溶解作用的发生，ZJ19 井，2298.82 m，（−），蓝色铸体薄片；g. 自生石英雏晶（黄色箭头所指）形成晚于孔隙衬里绿泥石（红色箭头所指），后期孔隙衬里绿泥石（粉红色箭头所指）继续生长并对自生石英雏晶进行交代，说明孔隙衬里绿泥石的形成可持续到自生石英雏晶沉淀之后，HH105 井，2296.56 m，扫描电镜；h. 孔隙充填绿泥石（红色箭头所指）分布于孔隙衬里绿泥石（黄色箭头所指）胶结后的残余原生粒间孔中，呈玫瑰花状；HH105 井，2265.84 m，扫描电镜；i. 云母蚀变绿泥石（红色箭头所指），单偏光下具深绿−淡黄色多色性，黄色箭头所指为未绿泥石化的黑云母碎屑，单偏光下具褐色−黄色多色性，HH23 井，2009.45 m，（−）；j. 海绿石，HH23 井，2011.37 m，（−）；k. 黑云母碎屑（红色箭头所指）分解释放出铁质（黄色箭头所指），HH26 井，2125.92 m，（−）；l. 钙质生物（箭头所指），电子探针分析结果为 CaO 47.280%，FeO 0.345%，总计 48.331%，HH105 井，2299.73 m，电子探针背散射

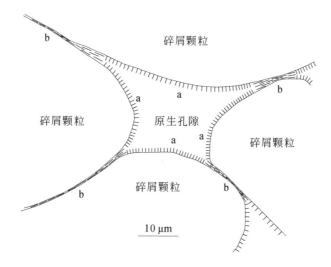

图 4-6　颗粒包膜绿泥石的分布特征示意图

a. 碎屑颗粒与原生粒间孔隙接触处；b. 相邻碎屑颗粒接触处

②孔隙衬里绿泥石只分布于铸模孔边缘，而在长石或岩屑的粒内溶孔中未见，表明其形成要早于溶解作用的发生（图4-5f）；③自生石英雏晶主要分布于孔隙衬里绿泥石胶结后的残余原生粒间孔中，但有时也可见孔隙衬里绿泥石对自生石英雏晶的交代现象（图4-5g），说明孔隙衬里绿泥石形成时间早于自生石英雏晶，可持续到自生石英雏晶沉淀之后，后期孔隙衬里绿泥石继续生长并对自生石英雏晶进行交代；④孔隙衬里绿泥石可分为明显不同的3个期次，早期的孔隙衬里绿泥石在单偏光下呈淡绿色，中期的孔隙衬里绿泥石因受油气浸染，单偏光下呈黄褐色，晚期的孔隙衬里绿泥石在单偏光下又表现为淡绿色。以上特征表明，当机械压实作用进行到导致碎屑颗粒目前相互接触关系的早成岩阶段时，孔隙衬里绿泥石即开始形成，并持续不断生长，至少可持续到早成岩阶段A期晚期自生石英雏晶沉淀之后，目前，它是不同成岩阶段产物的混合。虽然孔隙衬里绿泥石的形成温度跨度较大，但研究表明，其在20~40℃和70~80℃温度区间内生长最为集中，与之对应的埋深分别为小于1000 m和2000~2500 m（Billault et al.，2003）。

孔隙充填绿泥石晶体大，自形程度高，晶体延长方向和碎屑颗粒表面无明显的垂直或平行关系，多个绿泥石晶体聚合在一起时，有的边与边接触，有的边与面接触呈玫瑰花状（图4-5h）、绒球状或分散片状。其主要充填于孔隙衬里绿泥石胶结后的残余原生粒间孔中（图4-5h），其次为次生溶孔中，形成晚于中成岩阶段A期晚期自生高岭石胶结物和自生石英雏晶的沉淀。

蚀变绿泥石主要由富铁镁铝硅酸盐矿物绿泥石化形成，以黑云母碎屑的绿泥石化为主（图4-5i），其形成可贯穿于整个成岩阶段。单偏光下黑云母蚀变绿泥石呈深绿–淡黄色多色性，未绿泥石化的黑云母碎屑具褐色–黄色多色性（图4-5i）。黑云母沉积后受温度、压力及流体等多种因素影响，尤其是地层水的作用，很容易发生不同程度的变化（冯增昭，1994）。绿泥石可沿黑云母的边缘、解理和中心进行交代，并保持黑云母的假象。不同黑云母颗粒或同一颗粒的不同部位，因绿泥石化程度不同，偏光显微镜下显示出明显差异，一般随绿泥石化程度增强，黑云母的颜色由黑褐色向黄褐色再向淡绿色渐变（图4-5i）、干涉色由二级黄向一级灰白渐变或表现为绿泥石的异常蓝干涉色、一组极完全解理由清晰可见到逐渐消失、消光性质由十分规则的平行消光过渡为典型的波状消光。扫描电镜下，原先的黑云母片状结构体被一个个紧密排列的针叶状绿泥石所取代，这些细小的绿泥石晶体大致按原黑云母解理面的延伸方向展布，致使黑云母片体间的间距加大变宽，体积膨胀。

（2）绿泥石矿物的晶体化学特征

因绿泥石为含水矿物，且颗粒细小，粒间微孔发育，在束电流作用下容易破碎，电子探针所测氧化物总量有时很难达到标准值（85%~88%），但其对绿泥石化学结构式的计算结果影响不大（Hillier and Velde，1992；Hillier，1994；Berger et al.，2009）。本书选取镇泾地区HH105井2264.14 m的样品对不同类型绿泥石矿物的晶体化学特征进行研究，且尽量保证所测绿泥石矿物表面平整，所选数据氧化物总量基本大于70%，电子探针分析结果见表4-1。由于颗粒包膜绿泥石厚度较薄，无法获得其电子探针数据，扫描电镜能谱分析结果显示其SiO_2含量为20.33%~53.20%，平均33.09%；Al_2O_3含量在9.94%~25.66%之间，平均19.61%；FeO含量为9.74%~56.47%，平均25.67%；MgO含量为

3.40%~5.07%，平均8.83%（表4-1）。

**表4-1　鄂尔多斯盆地镇泾地区长8油层组不同类型绿泥石矿物的
晶体化学成分数据**（张霞等，2011b）　　　　　　　　　（单位:%）

类型		点号	CaO	Na₂O	K₂O	SiO₂	TiO₂	Al₂O₃	FeO	MgO	MnO	总量
颗粒包膜绿泥石		1	—	—	—	20.63	—	15.91	56.47	6.99	—	100.00
		2	0.29	0.47	—	21.71	—	15.52	15.47	7.54	—	100.00
		3	—	1.29	—	20.33	—	9.94	9.74	3.40	—	100.00
		4	0.36	—	0.41	34.46	—	24.44	30.21	9.81	—	100.00
		5	0.32	—	—	36.36	—	25.66	24.70	12.38	—	100.00
		6	—	—	—	35.27	—	23.82	25.84	15.07	—	100.00
		7	0.81	1.51	0.73	42.73	—	23.17	22.72	8.01	—	100.00
		8	—	—	0.72	53.20	—	18.41	20.20	7.47	—	100.00
自生绿泥石	孔隙衬里绿泥石	1	0.246	0.072	0.035	26.152	—	18.713	29.378	8.631	0.081	83.308
		2	0.231	0.040	0.056	22.113	0.007	17.579	29.696	6.919	0.165	76.806
		3	0.206	0.015	0.052	29.875	0.018	23.248	29.009	9.711	0.074	92.208
		4	0.560	0.033	0.095	26.917	0.007	20.060	29.516	8.982	0.086	86.256
		5	0.242	0.021	0.080	26.092	0.007	18.346	13.484	7.933	0.107	66.312
		6	0.352	0.021	0.059	24.954	0.034	21.037	30.169	9.047	0.096	85.769
		7	0.199	0.031	0.055	28.620	0.028	23.269	30.571	9.103	0.155	92.031
		8	0.352	0.032	0.328	33.474	—	20.495	13.101	7.304	0.180	75.266
		9	0.301	0.166	0.524	31.346	0.023	23.044	28.056	7.832	0.173	91.465
		10	0.484	0.070	0.444	29.188	—	19.525	13.338	6.820	0.205	70.074
		11	0.255	0.041	0.310	30.578	—	22.241	29.588	6.611	0.186	89.810
		12	0.361	0.089	1.763	24.504	0.006	15.968	27.244	3.944	0.188	74.067
		13	0.333	0.036	0.316	23.383	—	17.355	30.316	6.384	0.135	78.258
		14	0.327	0.044	0.300	25.352	0.005	17.898	29.274	6.434	0.209	79.843
	孔隙充填绿泥石	1	0.369	0.005	0.053	26.040	0.046	15.748	13.869	8.330	0.193	64.653
		2	0.373	0.058	0.066	26.988	—	21.092	14.606	6.907	0.137	70.227
		3	2.249	0.178	0.149	26.142	0.011	19.659	14.712	6.917	0.198	70.215
		4	5.312	0.033	0.040	25.648	0.017	20.459	27.137	8.066	0.212	86.924
		5	0.215	0.006	0.093	23.273	0.010	18.336	28.899	7.870	0.125	78.827
		6	0.390	0.022	0.127	28.325	—	19.614	29.711	6.732	0.211	85.132
		7	0.279	—	0.320	29.693	0.004	21.512	30.051	8.201	0.180	90.240
陆源碎屑绿泥石		1	0.144	0.042	0.269	24.847	0.047	18.145	39.954	5.473	0.429	89.350
		2	0.163	0.028	0.002	27.098	0.018	18.155	25.932	17.070	0.464	88.930
		3	0.071	0.015	0.036	26.718	0.070	18.045	29.054	13.960	0.137	88.110

续表

类型	点号	CaO	Na$_2$O	K$_2$O	SiO$_2$	TiO$_2$	Al$_2$O$_3$	FeO	MgO	MnO	总量
蚀变绿泥石	1	0.305	0.085	0.039	29.098	0.004	19.829	29.549	10.640	0.280	89.826

注：实验在南京大学内生金属矿床成矿机制研究国家重点实验室完成，其中颗粒包膜绿泥石的晶体化学数据为扫描电镜能谱分析结果，其余类型绿泥石的晶体化学数据为电子探针分析结果；—代表含量在仪器检测限之下。

以 14 个氧原子为标准对不同类型绿泥石的结构式和特征值进行计算（表 4-2），尽管 Fe^{2+} 含量不能直接通过电子探针分析获得，但根据绿泥石矿物中 Fe^{3+} 含量一般小于铁总量的 5%（Deer et al.，1962；Shirozu，1978），本书采用表 4-1 的全铁（FeO）来代表。结果显示，陆源碎屑绿泥石的化学式为（Fe$_{2.88}$Mg$_{1.97}$Al$_{1.14}$Mn$_{0.03}$K$_{0.01}$Ca$_{0.01}$Na$_{0.01}$）$_{6.05}$［（Si$_{2.83}$ Al$_{1.17}$）$_4$O$_{10}$］OH$_8$；孔隙衬里绿泥石的化学式为（Fe$_{2.46}$Al$_{1.76}$Mg$_{1.27}$K$_{0.05}$Ca$_{0.04}$Mn$_{0.01}$Na$_{0.01}$）$_{5.60}$ ［（Si$_{3.10}$Al$_{0.90}$）$_4$O$_{10}$］OH$_8$；孔隙充填绿泥石的化学式为（Fe$_{2.24}$Al$_{1.81}$Mg$_{1.31}$Ca$_{0.14}$K$_{0.02}$Mn$_{0.02}$ Na$_{0.01}$）$_{5.55}$［（Si$_{3.13}$Al$_{0.87}$）$_4$O$_{10}$］OH$_8$；蚀变绿泥石的化学式为（Fe$_{2.57}$Mg$_{1.65}$Al$_{1.46}$Ca$_{0.03}$Mn$_{0.02}$ Na$_{0.02}$K$_{0.01}$）$_{5.76}$［（Si$_{3.03}$Al$_{0.97}$）$_4$O$_{10}$］OH$_8$。陆源碎屑绿泥石具最高含量的 Fe、Mg、Mn、Al^{IV} 和最低含量的 Si、Ca、Al^{VI}；蚀变绿泥石具较高含量的 Fe、Mg、Al^{IV} 及较低含量的 Si、Ca、Al^{VI}；自生绿泥石的 Fe、Mg、Al^{IV} 含量最低，Si、Ca、Al^{VI} 含量最高，且孔隙衬里绿泥石和孔隙充填绿泥石相比，前者具较高含量的 Fe、K，后者具较高含量的 Ca、Mg，Si、Na、Mn 含量相差不大，孔隙衬里绿泥石从碎屑颗粒边缘到孔隙中心方向 Fe、Mg、Al^{IV} 含量逐渐增加，K、Si、Al^{VI} 含量逐渐减少（表 4-2）。

表 4-2　鄂尔多斯盆地镇泾地区长 8 油层组砂岩中不同类型绿泥石矿物的结构式和特征值（张霞等，2011b）

类型	自生绿泥石				陆源碎屑绿泥石/3	蚀变绿泥石/1
	孔隙衬里绿泥石			孔隙充填绿泥石/7		
	贴近颗粒边缘/5	靠近孔隙中心/5	总体特征/14			
Ca	0.02 ~ 0.06/0.04	0.03 ~ 0.07/0.04	0.02 ~ 0.07/0.04	0.03 ~ 0.62/0.16	0.01 ~ 0.02/0.01	0.03
Na	0.00 ~ 0.02/0.01	0.00 ~ 0.03/0.01	0.00 ~ 0.03/0.01	0.00 ~ 0.04/0.01	0.00 ~ 0.01/0.01	0.02
K	0.01 ~ 0.29/0.09	0.01 ~ 0.07/0.04	0.01 ~ 0.29/0.05	0.01 ~ 0.04/0.02	0.00 ~ 0.04/0.01	0.01
Si	2.99 ~ 3.73/3.36	2.76 ~ 3.15/2.98	2.76 ~ 3.73/3.10	2.80 ~ 3.49/3.12	2.80 ~ 2.86/2.83	3.03
Ti	0.00 ~ 0.00/0.00	0.00 ~ 0.00/0.00	0.00 ~ 0.00/0.00	0.00 ~ 0.00/0.00	0.00 ~ 0.01/0.00	0.00
Al	2.45 ~ 2.80/2.69	2.53 ~ 2.75/2.66	2.45 ~ 2.80/2.66	2.48 ~ 3.04/2.69	2.23 ~ 2.41/2.31	2.43

续表

类型	自生绿泥石				陆源碎屑绿泥石/3	蚀变绿泥石/1
	孔隙衬里绿泥石			孔隙充填绿泥石/7		
	贴近颗粒边缘/5	靠近孔隙中心/5	总体特征/14			
Al^{IV}	0.27 ~ 1.01/0.64	0.85 ~ 1.24/1.02	0.27 ~ 1.24/0.90	0.51 ~ 1.20/0.88	1.14 ~ 1.20/1.17	0.97
Al^{VI}	1.64 ~ 2.41/2.06	1.43 ~ 1.87/1.64	1.41 ~ 2.41/1.76	1.44 ~ 2.35/1.81	1.06 ~ 1.21/1.14	1.46
Fe	1.22 ~ 2.96/1.88	2.35 ~ 3.14/2.71	1.22 ~ 3.14/2.46	1.49 ~ 2.93/2.19	2.26 ~ 3.77/2.88	2.57
Mg	0.76 ~ 1.53/1.24	1.02 ~ 1.49/1.26	0.76 ~ 1.53/1.27	1.11 ~ 1.66/1.33	0.92 ~ 2.66/1.94	1.65
Mn	0.01 ~ 0.02/0.02	0.01 ~ 0.02/0.01	0.01 ~ 0.02/0.01	0.01 ~ 0.02/0.02	0.01 ~ 0.04/0.03	0.02
*R^{2+}	4.90 ~ 7.76/6.28	7.08 ~ 8.67/7.97	4.90 ~ 8.91/7.49	5.54 ~ 8.75/7.08	9.46 ~ 9.93/9.69	8.49
*Sum(VI)	9.91 ~ 11.49/10.67	11.04 ~ 11.73/11.43	9.91 ~ 11.82/11.20	10.35 ~ 11.73/11.05	12.00 ~ 12.11/12.04	11.53
Si/Al	1.09 ~ 1.39/1.25	1.01 ~ 1.17/1.12	1.01 ~ 1.39/1.17	1.06 ~ 1.40/1.16	1.16 ~ 1.27/1.23	1.25
Fe/(Fe+Mg)	0.49 ~ 0.79/0.59	0.65 ~ 0.73/0.68	0.49 ~ 0.79/0.65	0.48 ~ 0.71/0.61	0.46 ~ 0.80/0.60	0.61
Al/(Al+Fe+Mg)	0.40 ~ 0.53/0.47	0.37 ~ 0.44/0.40	0.37 ~ 0.53/0.42	0.38 ~ 0.52/0.44	0.31 ~ 0.34/0.32	0.37

注：表中"孔隙充填绿泥石/7"中数字代表电子探针点数；Al^{IV}代表四次配位 Al 原子数；Al^{VI}代表六次配位 Al 原子数；"0.02 ~ 0.06/0.04"代表最小值 ~ 最大值/平均值；*代表数据以 28 个氧原子为标准换算；R^{2+}代表 Fe、Mg、Mn 三者的原子数总和；Sum(VI) 代表绿泥石结构式中的六次配位阳离子总数。

据 Foster（1962）的绿泥石分类方案，长 8 油层组绿泥石为富铁种属，以铁镁绿泥石和铁斜绿泥石为主，少量铁叶绿泥石和鲕绿泥石，其中孔隙衬里和孔隙充填绿泥石以铁镁绿泥石和铁斜绿泥石为主，陆源碎屑绿泥石和蚀变绿泥石主要为铁镁绿泥石（图 4-7）。研究区孔隙衬里绿泥石、孔隙充填绿泥石和蚀变绿泥石为典型的成岩绿泥石，具有 Si 含量高、Al 含量变化不大、R^{2+} 含量低、六次配位阳离子总数小于 12、R^{2+} 和六次配位阳离子总数随 Si 含量增大而减小（图 4-8a）、Al^{VI} 值大于 Al^{IV} 值以及 Al^{VI} 值随 Al^{IV} 值增大而减小的特点（图 4-8b），与前人报道成岩绿泥石特征相似（Hillier and Velde，1992；Grigsby，2001），且孔隙衬里绿泥石从碎屑颗粒边缘到孔隙中心方向具 Si 含量逐渐减小、R^{2+} 和六次配位阳离子总数逐渐增大（图 4-8a）、Al^{VI} 值逐渐减小、Al^{IV} 值逐渐增大（图 4-8b）、Si/Al值随 Al^{IV} 值增大而减小的特点（图 4-8c）。陆源碎屑绿泥石为变质绿泥石，数据点基本落于 Foster（1962）发表的典型变质绿泥石范围内，具有 R^{2+} 含量高，Si 含量低，六次配位阳离子总数接近 12，Al^{IV} 值大于 Al^{VI} 值的特点（图 4-8a、b）。

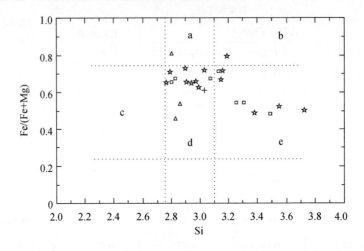

a 鲕绿泥石；b 铁叶绿泥石；c 铁绿泥石；d 铁镁绿泥石；e 铁斜绿泥石；
△陆源碎屑绿泥石；★孔隙衬里绿泥石；□孔隙充填绿泥石；+蚀变绿泥石

图 4-7　鄂尔多斯盆地镇泾地区长 8 油层组砂岩绿泥石成分分类图（底图据 Foster，1962）

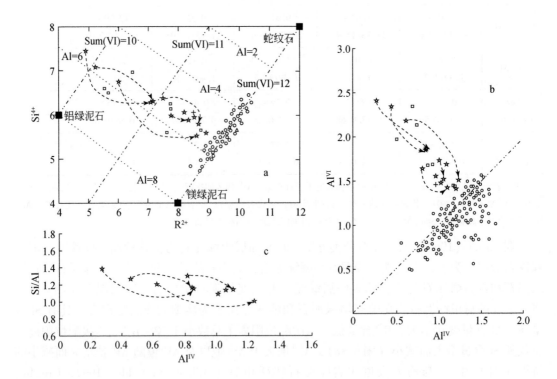

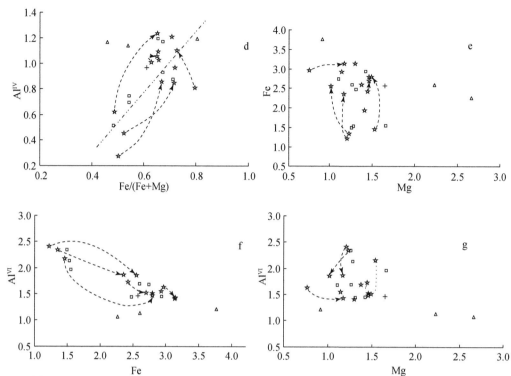

+ 蚀变绿泥石　△陆源碎屑绿泥石　□孔隙充填绿泥石　★孔隙衬里绿泥石　○变质绿泥石(数据来自Foster, 1962)
--▶箭头方向表示孔隙衬里绿泥石从碎屑颗粒边缘到孔隙中心方向各组分的变化趋势
　　图a底图据Wiewiora and Weiss, 1990

图4-8　鄂尔多斯盆地镇泾地区长 8 油层组砂岩中不同类型绿泥石主要阳离子间的相关关系图

　　Hillier 和 Velde（1992）认为造成成岩绿泥石与变质绿泥石具上述差异的原因主要有四种：①成岩绿泥石与其他类型层状硅酸盐矿物共生；②测试时受其他类型矿物的混染；③与二八面体黏土矿物混层；④所选绿泥石化学结构式的计算方法不合理。研究区成岩绿泥石与磁绿泥石共生可能是造成其具有上述化学特征的主要原因，磁绿泥石是沉积时期絮凝含铁镁沉积物迅速重结晶形成的一种含铁镁的，具蛇纹石型层状硅酸盐结构的黏土矿物，其在 100℃以下稳定存在（Hillier and Velde，1992）。

　　此外，在 Al^{IV} 值与 Fe/（Fe+Mg）值的相关性图解中，孔隙衬里和孔隙充填绿泥石的 Al^{IV} 值随 Fe/（Fe+Mg）值的增大而增大，且孔隙衬里绿泥石从碎屑颗粒边缘到孔隙中心方向 Al^{IV} 值随 Fe/（Fe+Mg）值的增大而增大（图 4-8d），这表明在 Fe 置换 Mg 的过程中，由于自生绿泥石结构的调整，允许更多的 Al^{IV} 置换 Si，而陆源碎屑绿泥石的 Al^{IV} 值随 Fe/（Fe+Mg）值的增大变化不大（图 4-8d）。研究区各类型绿泥石的八面体位置主要被 Fe、Al^{VI}、Mg 三种元素占据，从 Fe 与 Mg、Fe 与 Al^{VI} 及 Mg 与 Al^{VI} 的相关性图解（图 4-8e、f、g）中可看出，孔隙衬里绿泥石和孔隙充填绿泥石主要发生 Fe 对 Al^{VI} 的置换，其次为 Fe 对 Mg 的置换，且孔隙衬里绿泥石从碎屑颗粒边缘到孔隙中心方向 Fe 含量逐渐增加，Al^{VI} 值逐渐减小。陆源碎屑绿泥石则主要发生 Fe 对 Mg 的置换。

Laid（1988）根据绿泥石矿物中 Al/（Al+Mg+Fe）值来识别绿泥石与其母岩的关系，一般认为，由泥质岩蚀变形成的绿泥石比由镁铁质岩转化而成的绿泥石具较高的 Al/（Al+Mg+Fe）值（>0.35）。表 4-2 显示，孔隙衬里绿泥石的 Al/（Al+Mg+Fe）值在 0.37 ~ 0.53 之间，平均 0.42；孔隙充填绿泥石的 Al/（Al+Mg+Fe）值在 0.38 ~ 0.52 之间，平均 0.44；陆源碎屑绿泥石的 Al/（Al+Mg+Fe）值在 0.31 ~ 0.34 之间，平均 0.32；蚀变绿泥石的 Al/（Al+Mg+Fe）值为 0.37。可见长 8 油层组自生绿泥石的化学成分主要来源于泥质岩或黏土矿物转化，陆源碎屑绿泥石的化学成分来源于镁铁质岩，而蚀变绿泥石的化学成分受泥质和镁铁质两类原岩控制，且镁铁质岩所占比例较大。

（3）绿泥石矿物的空间分布和成因机制

长 6、长 8 和长 9 储层中绿泥石矿物的形成、分布与物源和沉积环境关系密切。绿泥石矿物的空间分布特征与其产状有一定关系，不同类型绿泥石分布规律各异，主要受沉积相、成岩相、砂岩成分和结构等方面控制。研究区长 8 油层组主要为辫状河三角洲前缘亚相沉积，可进一步划分出水下分流河道、支流间湾、分流河口砂坝、水下天然堤、席状砂和远砂坝 6 种沉积微相，岩石类型以长石岩屑砂岩和岩屑长石砂岩为主。镇泾地区长 8 油层组目前正处于中成岩阶段 A 期（张霞等，2011a，2011b，2012），成岩相包括黑云母强机械压实相、弱压实-绿泥石胶结相、绿泥石胶结-长石溶蚀相、高岭石胶结-长石溶蚀相、致密压实相和（含铁）碳酸盐胶结相 6 种。陆源碎屑绿泥石主要分布在水动力较弱的辫状河三角洲前缘分流间湾中，岩石类型以粉砂岩、泥质粉砂岩和粉砂质泥岩为主，杂基含量高，成岩相表现为致密压实相，此外，在辫状河三角洲前缘水下分流河道边缘粉细砂岩中也可见粒度较大的绿泥石碎屑，成岩相表现为黑云母强机械压实相。蚀变绿泥石主要分布在粒度较细、黑云母碎屑含量高的辫状河三角洲前缘水下分流河道砂体的边缘部位或厚层泥岩所夹薄层砂岩中，成岩相为黑云母强机械压实相。自生绿泥石的发育受沉积环境控制最为明显，主要发育在水动力较强的水下分流河道和分流河口砂坝砂体的中心部位，岩石类型以长石岩屑砂岩为主，岩屑长石砂岩次之，且颗粒粒度越粗，分选越好，越有利于其发育，成岩相为绿泥石胶结-长石溶蚀相和弱压实-绿泥石胶结相（图 4-9）。

研究区长 8 油层组砂岩的母岩类型以中基性火山岩、千枚岩和片岩为主，这些岩石中的绿泥石随碎屑颗粒一起搬运，卸载后形成陆源碎屑绿泥石，电子探针数据也表明部分陆源碎屑绿泥石为变质绿泥石，具最高含量的 Fe、Mg、Mn 和 Al^{IV}。从 Al/（Al+Mg+Fe）值在 0.31 ~ 0.34 之间，平均 0.32 来看，这些陆源碎屑绿泥石的铁镁离子主要来源于镁铁质岩的蚀变。蚀变绿泥石是由中基性火山岩和黑云母碎屑蚀变而来，因此其分布与这些碎屑颗粒具空间上的耦合性。由于中基性火山岩和黑云母碎屑富含 Fe、Mg 和 Ti，所以蚀变绿泥石较自生绿泥石富含 Fe、Mg，而 Ti^{4+} 离子因与绿泥石矿物结构不相容（Ryan and Reynolds，1996），常在蚀变绿泥石周围以富含 Ti 的矿物形式存在。蚀变绿泥石的形成可贯穿于整个成岩阶段，其铁镁离子主要来源于镁铁质岩的蚀变，同时伴随有黏土矿物转化提供的 Fe、Mg 离子，Al/（Al+Mg+Fe）值略高于 0.35 也可很好地说明这一点。

关于自生绿泥石的成因机制，前人做了许多研究，一般认为自生绿泥石主要形成于富铁镁的碱性环境，因此要形成绿泥石，首先要解决铁镁来源，概括起来有 3 种：①河流溶解铁镁的不断注入、咸水盆地的絮凝沉淀及成岩过程中的溶解（Ryan and Reynolds，1996；

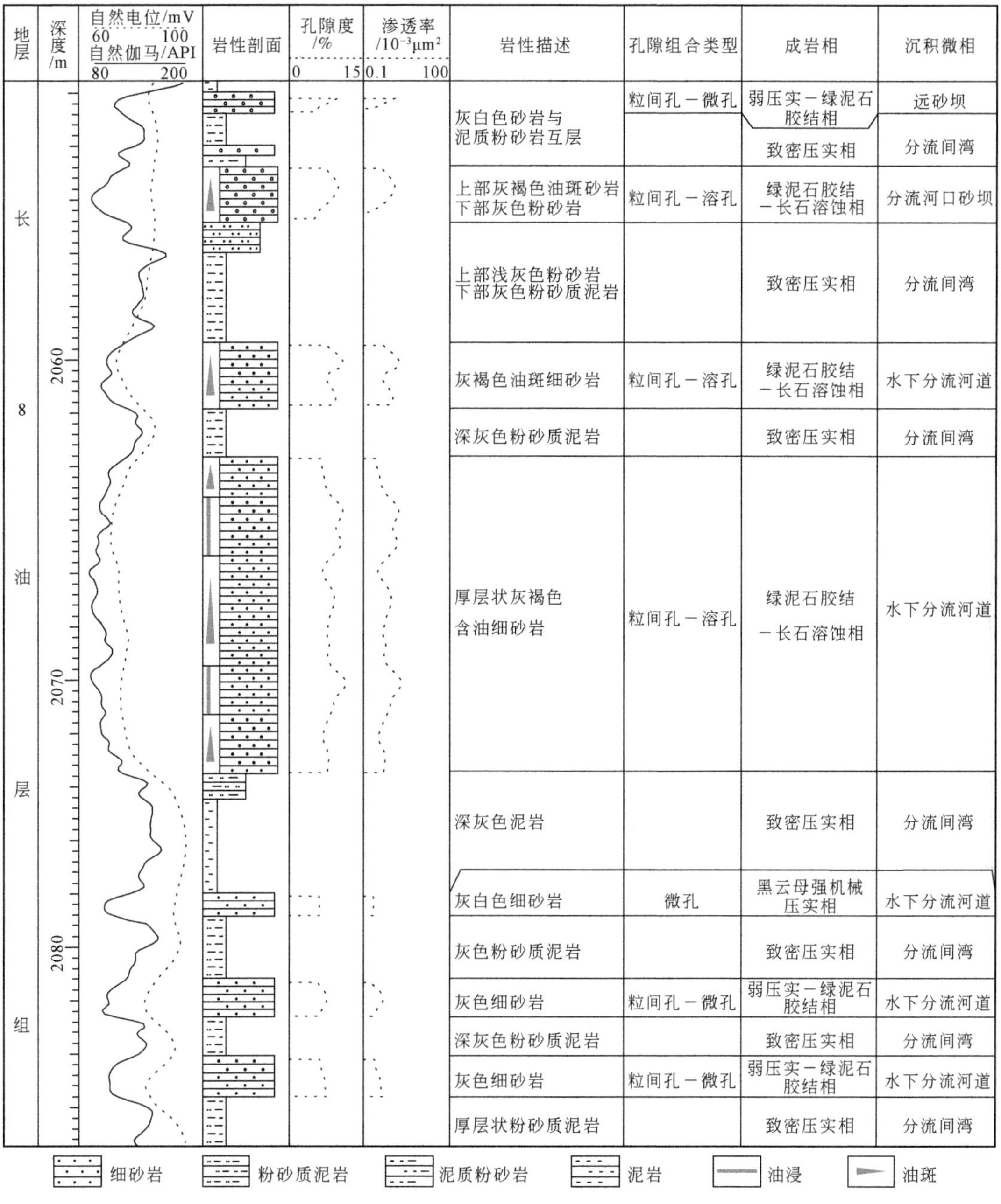

地层	深度/m	自然电位/mV 60 100 自然伽马/API 80 200	岩性剖面	孔隙度/% 0 15	渗透率/10⁻³μm² 0.1 100	岩性描述	孔隙组合类型	成岩相	沉积微相
长 8 油 层 组	2060 2070 2080					灰白色砂岩与泥质粉砂岩互层	粒间孔－微孔	弱压实－绿泥石胶结相	远砂坝
								致密压实相	分流间湾
						上部灰褐色油斑砂岩下部灰色粉砂岩	粒间孔－溶孔	绿泥石胶结－长石溶蚀相	分流河口砂坝
						上部浅灰色粉砂岩下部灰色粉砂质泥岩		致密压实相	分流间湾
						灰褐色油斑细砂岩	粒间孔－溶孔	绿泥石胶结－长石溶蚀相	水下分流河道
						深灰色粉砂质泥岩		致密压实相	分流间湾
						厚层状灰褐色含油细砂岩	粒间孔－溶孔	绿泥石胶结－长石溶蚀相	水下分流河道
						深灰色泥岩		致密压实相	分流间湾
						灰白色细砂岩	微孔	黑云母强机械压实相	水下分流河道
						灰色粉砂质泥岩		致密压实相	分流间湾
						灰色细砂岩	粒间孔－微孔	弱压实－绿泥石胶结相	水下分流河道
						深灰色粉砂质泥岩		致密压实相	分流间湾
						灰色细砂岩	粒间孔－微孔	弱压实－绿泥石胶结相	水下分流河道
						厚层状粉砂质泥岩		致密压实相	分流间湾

细砂岩　　粉砂质泥岩　　泥质粉砂岩　　泥岩　　油浸　　油斑

图 4-9　鄂尔多斯盆地镇泾地区 ZJ25 井长 8 油层组砂岩储层特征

Baker et al.，2000）；②同沉积富铁镁岩屑的水解，水解作用可造成铁镁等金属阳离子的析出（DeRos et al.，1994；Remy，1994；Bloch et al.，2002；田建锋等，2008）；③相邻泥岩压释水的灌入，延长组为典型的砂泥岩互层，成岩过程中泥岩层向相邻砂岩层排放出具丰富铁镁离子的压释水。

镇泾地区长 8 油层组砂岩中含有大量的海绿石颗粒（图 4-5j），说明该时期鄂尔多斯盆地为具一定盐度的微咸-半咸水湖盆，含一定量的电解质，与前人研究一致（郑荣才和柳梅青，1999；黄思静等，2004；丁晓琪等，2010）。此外，长8油层组砂岩的母岩中含有富铁镁的岩石，如中基性火山岩，这些母岩在风化和搬运过程中水解形成大量的铁镁离子，并随河水流入鄂尔多斯微咸-半咸水湖盆，在河口附近与湖水电解质相互作用发生絮凝，形成包绕碎屑颗粒分布的含铁镁沉积物，这些富含铁镁沉积物不稳定，在成岩初期即发生溶解-重结晶作用，形成磁绿泥石（Needham et al.，2005；Gould et al.，2010）。

同生成岩阶段，随温度升高磁绿泥石不稳定，遵循奥斯特瓦尔德定律（Jahren，1991）发生溶解-重结晶作用形成颗粒包膜绿泥石，同时该阶段大量的黑云母、中基性火山岩岩屑的水解作用也为颗粒包膜绿泥石的形成提供了大量的铁、镁离子，颗粒包膜绿泥石中含大量的K离子可很好地说明这一点（表4-1），由于同生成岩阶段持续时间较短，且温度低，包膜厚度小。早成岩阶段，随温度升高，磁绿泥石、颗粒包膜绿泥石仍遵循奥斯特瓦尔德定律继续溶解-重结晶作用形成孔隙衬里绿泥石，并垂直于碎屑颗粒表面向孔隙中心方向生长，具明显的世代性，先期形成的贴近碎屑颗粒边缘的绿泥石晶形差，而后期形成的靠近孔隙中心的绿泥石晶形好，前人将这一过程称为奥斯特瓦尔德成熟化（Jahren，1991）。Jahren（1991）认为在此过程中，单个绿泥石晶体具化学成分环带，表现为从核心到边缘 Si/Al 值逐渐减小，Al^{IV} 值逐渐增加，本次研究虽未对单个绿泥石晶体从核心到边缘进行详细的地球化学分析，但孔隙衬里绿泥石从碎屑颗粒边缘到孔隙中心方向，Si/Al 值逐渐减小，Al^{IV} 值逐渐增加（表4-2，图4-8c）也可很好地说明该成熟化过程。孔隙衬里绿泥石的 Al/（Al+Mg+Fe）值在0.37~0.53之间，平均0.42，可作为孔隙衬里绿泥石由磁绿泥石转化而来的一个佐证。此外，孔隙衬里绿泥石的 Fe、Mg 含量从碎屑颗粒边缘到孔隙中心方向有逐渐增大趋势（表4-2），表明在其形成过程中有其他来源铁镁离子供应，可能与黑云母碎屑的不断分解有关（图4-5k），孔隙衬里绿泥石中 K 含量较高可很好地说明这一点，且 K 含量从碎屑颗粒边缘到孔隙中心方向逐渐减小的特征表明黑云母碎屑的分解主要发生在成岩阶段早期。早成岩阶段由于持续时间较长，温度较高，铁镁物质供给较充分，因此孔隙衬里绿泥石厚度相对较大。机械压实作用主要发生在早成岩阶段，其是致使研究区储层物性变差的主要原因之一（张霞等，2011a，2011b，2012），前已述及孔隙衬里绿泥石主要形成于机械压实作用已导致碎屑颗粒相互接触之后，其发育可在一定程度上增加岩石的机械强度，有效降低后期机械压实作用对储层原生和次生孔隙的缩小或减少影响，使孔隙得以保存，颗粒间为点接触或线-点接触。孔隙衬里绿泥石发育的砂岩储层物性和孔喉结构较好，可为有机酸的进入及溶解物质的带出提供大量通道。中成岩阶段 A 期早期，泥岩中有机质在较高温压条件下分解产生的有机酸进入砂岩储层后，孔隙介质由碱性变为酸性，在酸性介质条件下，孔隙衬里绿泥石不稳定，易发生溶解，部分碎屑颗粒边缘可见孔隙衬里绿泥石的溶解残留，而大规模油气充注于砂岩储层后，孔隙衬里绿泥石停止生长。研究表明，孔隙衬里绿泥石和溶解作用共同发育的层段是长8油层组油气储集的最有利层段（张霞等，2011b；Zhang et al.，2012）。

中成岩阶段 A 期晚期有机酸溶解作用发生之后，孔隙介质流体由酸性逐渐转为碱性，颗粒包膜和孔隙衬里绿泥石、磁绿泥石的溶解-重结晶作用可能为孔隙充填绿泥石的形成提供铁镁物质，但已非孔隙充填绿泥石的主要物质来源。孔隙充填绿泥石所需铁镁离子主要由泥岩压释水提供。泥岩压释水中富含有蒙皂石或伊利石层含量相对较低的伊利石/蒙皂石混层向伊利石层含量相对高的伊利石/蒙皂石混层及伊利石转化提供的铁、镁和钙离子（张霞等，2011b；反应式 4-1）：

$$4.5K^+ + 8Al^{3+} + 蒙皂石 === 伊利石 + Na^+ + 2Ca^{2+} + 2.5Fe^{3+} + 2Mg^{2+} + 3Si^{4+} \qquad (4\text{-}1)$$

薄片和扫描电镜观察发现长 8 油层组泥岩中含有大量的绿泥石矿物和钙质生物（图 4-5l），化学分析结果显示泥岩中的碳酸盐含量在 8.06% ~ 46.32% 之间，平均 16.33%。这些物质在中成岩阶段 A 期有机酸溶解作用下产生的大量铁、镁和钙离子随泥岩压释水一起进入砂岩储层。此外，中成岩阶段 A 期早期长石的大量溶解也为孔隙充填绿泥石的形成提供了大量的 Ca^{2+}（反应式 4-2，4-3）：

$$CaAl_2Si_2O_8(钙长石) + 2H^+ + H_2O \longrightarrow Al_2Si_2O_5(OH)_4(高岭石) + Ca^{2+} \qquad (4\text{-}2)$$

$$2Na_{0.6}Ca_{0.4}Al_{1.4}Si_{2.6}O_8(斜长石) + 1.4H_2O + 2.8H^+ \longrightarrow 1.4Al_2Si_2O_5(OH)_4(高岭石)$$
$$+ 1.2Na^+ + 0.8Ca^{2+} + 2.4SiO_2 \qquad (4\text{-}3)$$

上述因素相结合是造成孔隙充填绿泥石较其他类型绿泥石富含 Ca^{2+} 的主要原因，但因黏土矿物中铁、镁含量较低，因此孔隙充填绿泥石的 Fe^{2+} 含量较其他类型绿泥石低。该阶段持续时间长，温度高，孔隙充填绿泥石晶体大，自形程度高。

自生绿泥石的形成不仅需要充足的铁镁物质来源，还需要充分的生长空间，辫状河三角洲前缘水下分流河道和分流河口砂坝砂体可满足自生绿泥石形成所需条件：①该部位富集同沉积时期河流溶解铁镁与半咸水湖盆水絮凝沉积的含铁镁沉积物，为自生绿泥石尤其是为颗粒包膜和孔隙衬里绿泥石的发育提供了充足的铁、镁物质；②这些部位水动力较强，沉积物以粒度较粗、分选较好的刚性碎屑颗粒为主，杂基与塑性碎屑含量相对较少，沉积物在成岩早期会有大量的原生孔隙保存下来，为成岩过程中自生绿泥石胶结物的形成提供所需生长空间。因此，研究区自生绿泥石主要发育于辫状河三角洲前缘水下分流河道和分流河口砂坝中。

2. 碳酸盐胶结作用

碳酸盐胶结物包括方解石、铁方解石、白云石、铁白云石、菱铁矿、菱镁矿、文石、高镁方解石等（林春明，2019）。研究区碳酸盐胶结物发育 4 个期次（张霞等，2011a）：①早成岩阶段 A 期，碳酸盐胶结物以微晶方解石形式分散于孔隙中，少量呈斑点状交代长石、石英及黑云母碎屑；②早成岩阶段 B 期，碳酸盐胶结物以亮晶方解石的形式产出（图 4-10a），常交代孔隙衬里绿泥石和石英次生加大边（图 4-10b），常受中成岩阶段 A 期酸性流体的影响被溶解；③中成岩阶段 A 期早期，亮晶方解石胶结物分布最为广泛（图 4-10c），也见自形程度较好的菱形白云石胶结物（图 4-10d），碳酸盐胶结物含量一般在 15% ~ 35% 之间，呈基底式胶结（图 4-10e），形成于烃运移之后，基本未发生溶解；④中成岩阶段 A 期晚期，碳酸盐胶结物常含铁质，多为铁方解石（图 4-10f）和铁白云石，分布较零星，以交代早期碳酸盐胶结物的形式产出。可见，各期次碳酸盐胶结物在晶体形态、矿物成分及产出状态等方面存在较大差异，这主要受控于不同成岩阶段的温压条件、流体–岩石相互作用的效应、成岩流体酸碱度、氧化还原电位等成岩环境因素。

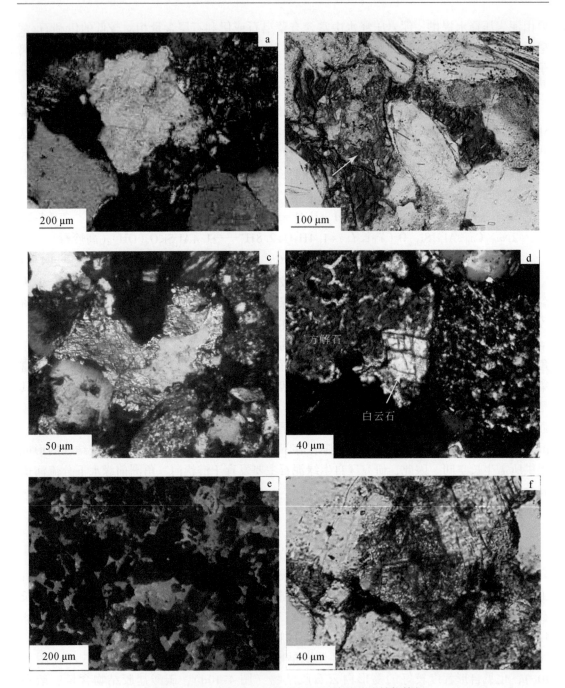

图 4-10　鄂尔多斯盆地三叠系延长组碳酸盐胶结物特征

a. 亮晶方解石交代石英颗粒，HH68 井，1758.24 m，长 9，（+）；b. 方解石（黄色箭头）胶结物交代石英次生加大边（红色箭头），染色薄片，HH24 井，1796.17 m，长 8，（-）；c. 亮晶方解石交代石英颗粒，ZJ19 井 2282.81 m，长 8，（+）；d. 白云石晶体充填粒间孔，HH24 井，1779.48 m，长 8，染色薄片，（+）；e. 方解石胶结物基底式胶结，HH105 井，2300.93 m，长 8，阴极发光，5×；f. 铁方解石胶结物，HH24 井，1775.69 m，长 8，染色薄片，（-）

3. 硅质胶结作用

硅质胶结物主要成分为二氧化硅，是砂岩中主要的胶结物类型，它可以呈非晶质和晶质两种矿物形态出现于碎屑岩中。非晶质二氧化硅胶结物为蛋白石，晶质二氧化硅胶结物有玉髓和自生石英等。自生石英是碎屑岩中最常见的硅质胶结物，主要以增生型和沉淀型两种方式胶结（林春明，2019）。

研究区长 6、长 8 和长 9 油层组储层的硅质胶结物均存在这两种胶结方式，增生型胶结是以碎屑石英周围发育次生加大边出现为特征（图 4-11a），又称石英次生加大边型胶结，胶结物是在同成分的碎屑石英底质上生长出来的（图 4-11b），与碎屑石英底质有"亲缘关系"。沉淀型胶结（图 4-11c、d）与增生型胶结不同，胶结物来自溶解的二氧化硅溶液重新沉淀，不是在碎屑石英底质上生长出来的，与碎屑石英底质亲缘关系较差；石英雏晶、小晶体等硅质胶结物充填于绿泥石胶结后的残余原生粒间孔隙中，或沉淀在颗粒表面，常与绿泥石、高岭石等黏土矿物共生，并见自生绿泥石交代自生石英小晶体现象（图 4-11e、f）。石英加大作为碎屑岩中最主要的二氧化硅胶结类型，它的形成是在碎屑石英颗粒上以雏晶的形式开始的（图 4-11c ~ f），然后逐渐发育成具有较大晶面的小晶体，最后使碎屑石英边缘恢复其规则的几何多面体形态（图 4-11b）。

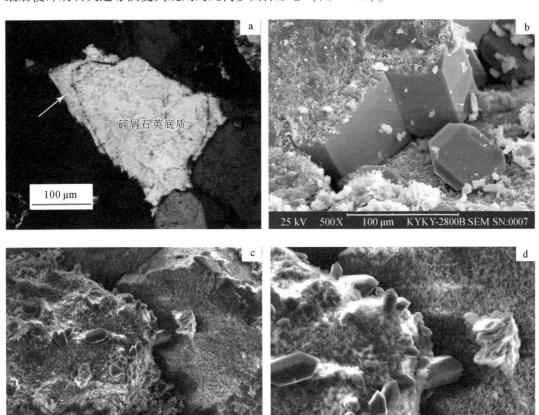

图 4-11　鄂尔多斯盆地镇泾地区延长组长 8 油层组砂岩二氧化硅胶结物特征

a. 增生型自生石英（箭头所指），长石岩屑中砂岩，ZJ18 井，2263.83 m，（+）；b. 增生型石英雏晶和多面体，ZJ17 井，2254.97 m，扫描电镜；c. 沉淀型石英雏晶、小晶体充填于绿泥石胶结后的残余原生粒间孔，HH105 井，2296.56 m，扫描电镜；d. c 图放大；e. 沉淀型石英雏晶，ZJ9 井，2268.12 m，扫描电镜；f. 石英小晶体被绿泥石交代，HH105 井，2296.56 m，扫描电镜；g. 石英次生加大具世代性，数字 1、2、3 代表第一、二、三次世代石英次生加大，HH24 井，1798.8 m，（+）；h. 石英次生加大边，HH105 井，2296.56 m，扫描电镜

　　碎屑石英在沉积时边部往往有氧化铁、黏土等分布，发生加大后这些物质仍可以以杂质形式保留下来，从而在碎屑石英和其加大边之间形成一条"尘线"，据此可把两者区分开来。石英的次生加大过程是随埋深和成岩作用程度的增加而增加的，根据加大过程中自生石英的发育特征、加大程度和"尘线"的出现，可以看到石英次生加大边的形成具有世代性或阶段性，可以作为成岩阶段划分以及储层储集性能判断的依据。研究区延长组砂岩在碎屑石英和其加大边之间就有三条"尘线"出现，从而判断出硅质胶结物具有三个世代胶结（图 4-11g）。扫描电镜下，石英次生加大边呈片状生长（图 4-11h）。

　　研究区这两种硅质胶结物的存在形式与岩石中绿泥石薄膜以及黑云母、千枚岩等塑性颗粒的含量有关，当岩石中孔隙衬里绿泥石含量高时，石英次生加大边不发育，取而代之的则是硅质呈自形的或他形的自生石英晶体充填于残余原生粒间孔中，堵塞孔隙，造成岩石孔隙度和渗透率的降低；当岩石中黑云母、千枚岩等塑性颗粒存在时，由于成岩早期压实作用非常强烈，这些塑性岩屑强烈变形，其呈假杂基状充填于粒间，造成岩石孔隙的大量丧失，从而大大地减少了后期硅质胶结物的形成空间，造成硅质胶结物的含量减少。

4. 铁质胶结作用

赤铁矿、黄铁矿、磁铁矿和白铁矿等铁质胶结物是砂岩中的主要胶结物之一，可以同黏土矿物混合起到胶结作用。

黄铁矿（pyrite）的化学成分为 FeS_2，是地壳中分布最广的一种硫化物矿物，成分相同而属于正交（斜方）晶系的称为白铁矿。黄铁矿晶体形态多样，有四面体、八面体、立方体等，晶面数目多，形状复杂。黄铁矿在火山岩、热液矿床和沉积岩中都有发育，有多种形成机制。模拟实验表明，单硫化铁和元素硫在中性和碱性的条件下形成草莓状黄铁矿。所以，草莓状黄铁矿有多种形成机制，不同成因的草莓状黄铁矿地质意义也有差异（林春明等，2019）。

沉积物中的草莓状黄铁矿往往被认为与有机质（微生物）有关，既可形成于海洋水体下部的氧化还原界面处，又可以形成于细碎屑岩孔隙流体中。Fe^{2+} 和 SO_4^{2-} 的浓度、含氧量、有机碳含量、生长时间和硫酸盐还原菌（SRB）等均是黄铁矿草莓状体形成的制约因素，其中含氧量至关重要，在完全缺氧的环境中草莓状黄铁矿的生长会受到抑制甚至停止。因此，以往认为沉积岩中的黄铁矿是强还原介质条件下的产物并不准确，只能指示黄铁矿形成于少氧或贫氧环境中（李洪星等，2009）。如江苏南通海门 ZK02 孔（林春明和张霞，2018），于 96.9 m 深的河床粉砂沉积中就有黄铁矿胶结物以集合体形式分布在松散沉积物质中，单偏光镜下呈黑色颗粒状或团块状，同深度的扫描电镜下可以看到黄铁矿胶结物以草莓状出现，并与菱铁矿（$FeCO_3$）共生（林春明等，2019）。

沉积岩中自生黄铁矿胶结物可以形成于成岩作用的各个阶段，在氧化环境下黄铁矿也会被氧化为磁铁矿（Fe_3O_4），氧化作用比较强的条件下，黄铁矿可被氧化成赤铁矿；也有实验研究认为，在贫氧环境下，黄铁矿与含铁的有机配位体混合后，经一段时间反应，黄铁矿部分被交代成磁铁矿（Brothers et al.，1996）；在成岩作用后期，黄铁矿被磁铁矿交代（Reynolds，1990；Suk et al.，1990），如四川盆地长宁地区下志留统龙马溪组黑色页岩中存在黄铁矿在有机质热成熟的条件下被氧化成磁铁矿（Zhang et al.，2016）。所以黄铁矿胶结物常常与磁铁矿胶结物共生。

在扫描电镜下可以看到，研究区长 6、长 8 和长 9 油层组储层的黄铁矿胶结物可以呈星点状与黏土矿物混合，共同起到胶结作用（图 4-12a），或以集合体充填在粒间孔隙中或附于颗粒表面（图 4-11b）。集合体常以草莓状出现最为常见（图 4-12c、d），草莓体直径一般在 1~20 μm，由数百至数万个等大小、同形态晶体组成，单个晶体直径一般在 0.1~1 μm。晶体排列形式多样，有的排列紧凑呈球状团簇，有的则相对松散呈分散状、由更为细小晶体组成，但不同于星点状黄铁矿（林春明，2019）。能谱分析结果显示草莓状黄铁矿晶体的主要成分为 S 和 Fe，其质量分数和的平均值超过 90%，如 HH105 井2299.73 m 深的长 8 储层草莓状黄铁矿能谱分析结果为 SO_3（71.32%）、FeO（27.87%）和 SiO_2（0.82%）（图 4-12e）。草莓状黄铁矿形成后其形状、大小和结构都较稳定，甚至不随矿物相变化而变化，如江苏南通市海门 ZK02 孔 26.5 m 深全新世近岸浅海淤泥质黏土中草莓状黄铁矿扫描电镜下的形状、大小、结构与古代沉积岩石中草莓状黄铁矿并无太大差异（林春明，2019）。

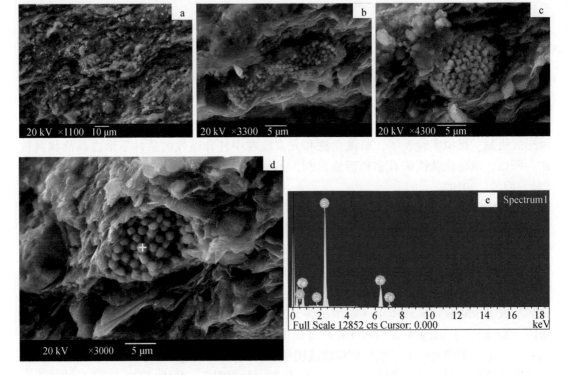

图 4-12　镇泾地区延长组砂岩扫描电镜下自生黄铁矿的胶结作用（HH105 井，2299.73 m，长 8）

a. 星点状黄铁矿与黏土矿物混合；b. 黄铁矿集合体；c. 草莓状黄铁矿；

d. 草莓状黄铁矿，黄色+为能谱打点位置；e. d 图草莓状黄铁矿的能谱图

5. 长石胶结作用

自生长石是碎屑岩中常见的一种自生矿物，它可以呈碎屑长石的自生加大边，也可以在基质中呈小的自形晶体产出。它既可以出现在石英砂岩中，也可以出现在杂砂岩中。它在各类砂岩中的丰度一般都很低。长石的次生加大主要是钾长石的加大（图 4-13a），也见钠长石。长石的次生加大要求孔隙中有足够的溶解 SiO_2 和 Al_2O_3 的浓度，以及比较高的温度等。在形成时间上，长石的加大一般形成于晚成岩期。

6. 硫酸盐胶结作用

碎屑岩中最常见的硫酸盐胶结物是石膏和硬石膏，此外还有重晶石和天青石。

石膏和硬石膏常呈连晶状充填孔隙中，也可交代其他矿物产出，可形成于沉积期与成岩作用的各个阶段。形成于沉积期和早成岩期的硫酸盐胶结物往往与强烈蒸发作用有关，形成于晚成岩期的往往与早期石膏的溶解和再沉淀作用有关。地层水与沉积物相互反应或不同地层水的混合也可析出石膏与硬石膏（图 4-13b）。膏盐岩层的分布影响硬石膏胶结

的分布，垂向上，硬石膏胶结主要分布在膏盐岩及含膏黏土岩邻近的砂岩等储集层中，距离越远，硬石膏含量越低；平面上，硬石膏胶结主要分布在膏盐岩层沉积边缘、与砂体呈指状交互的区域。

砂岩中亦常可见到少量重晶石，个别情况下为重晶石–天青石。它们常呈晶粒状、板条状或连晶斑块充填在孔隙中（图4-13c，黄色箭头所指）或交代其他碎屑颗粒。形成重晶石所需的钡离子可以由钾长石高岭石化和溶蚀过程提供。

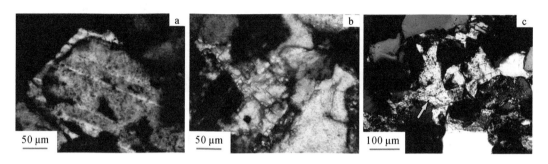

图 4-13　鄂尔多斯盆地镇泾地区延长组砂岩储层长石和硫酸盐胶结作用（HH24 井，1802.94 m）
a. 长石的次生加大，（+）；b. 颗粒间硬石膏胶结，（+）；c. 重晶石呈连晶斑块胶结，（+）

7. 其他胶结作用

在成岩作用过程中，还可以形成海绿石、自生石盐晶体等其他类型的胶结物，它们在数量上并不重要，但它们的存在对于研究成岩历史以及推测各种自生矿物的共生和来源都有重要意义。

海绿石（glauconite）为低价的铁硅酸盐矿物，晶体属单斜晶系，具层状结构，是砂岩中的主要胶结物（图4-5j）之一。海绿石颜色为暗绿至绿黑色，也有呈黄绿、灰绿色，常呈浑圆状、椭圆状，由无数细小晶粒构成集合体，因此，海绿石矿物表面消光不均匀；鲜绿色，正低突起，多色性弱。海绿石也常常呈不规则状充填于碎屑之间的孔隙中。海绿石氧化后蚀变为褐铁矿。海绿石主要在海洋环境形成，也可在湖泊中生长。关于海绿石的成因有不同看法，多数人认为海绿石在水深 100 ~ 300 m、水温 15 ~ 30℃的浅海环境、缓慢沉积和有蒙脱石存在的条件下形成。

自生石盐晶体呈立方体状，以集合体充填在粒间孔隙中（图 4-14a、b），常与绿泥石等黏土矿物混杂共同填充粒间孔隙，能谱分析结果显示自生石盐晶体的主要成分为 Cl 和 Na（图 4-15a ~ d）。也与自生海绿石、方沸石、石膏、钙芒硝、无水芒硝等矿物共生，表明沉积时水体有一定的盐度，为半咸–咸水环境沉积。

4.1.3　溶蚀作用

沉积物（岩）中的任何碎屑颗粒、杂基、胶结物等，在一定成岩环境中都可以不同程度地发生溶解、物质成分的迁移，称作溶蚀作用。它与压溶作用不同，溶蚀作用的主导因素是化学作用，机械作用的影响可以忽略不计，即没有体现出压溶作用中"压力"等机械

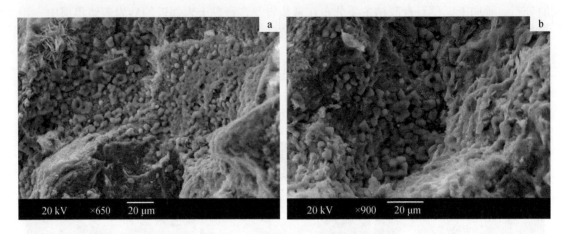

图 4-14　镇泾地区延长组长 8 油层组砂岩电镜下自生石盐晶体的胶结作用（HH105 井，2262.22 m）

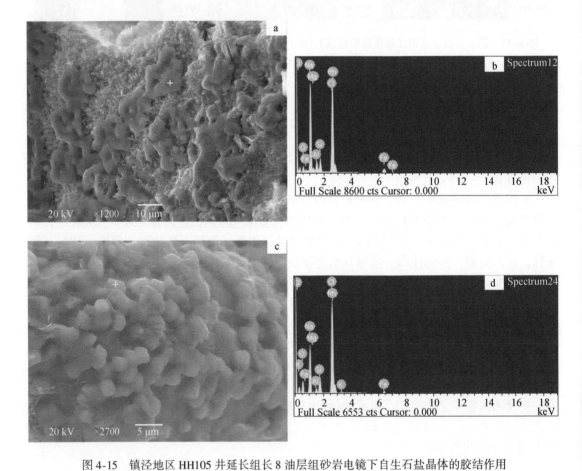

图 4-15　镇泾地区 HH105 井延长组长 8 油层组砂岩电镜下自生石盐晶体的胶结作用
a. 自生石盐集合体覆盖于颗粒包膜绿泥石之上，黄色+为能谱打点位置，2263.92 m；b. a 图自生石盐能谱图；
c. 自生石盐集合体覆盖于颗粒包膜绿泥石之上，黄色+为能谱打点位置，2263.92 m；d. c 图自生石盐能谱图

作用的影响。溶蚀作用发生过程中，被溶解的碎屑颗粒主要是石英、长石、云母和岩石碎屑等，胶结物中主要溶解对象是碳酸盐矿物，其次是黏土矿物。石英和长石溶蚀在整个埋藏过程中均可发生，只是溶解程度不同。由于长石稳定性比石英差，对于碎屑岩沉积盆地而言，长石溶解、溶蚀现象更为普遍，是形成次生孔隙的重要矿物，而且与黏土矿物的形成有着密不可分的关系。长石溶蚀可能与地层中有机质在较高温压条件下分解产生的有机酸进入砂岩储集层有关。由于有机流体的进入，孔隙介质 pH 降低，由碱性变为酸性，在酸性介质条件下，长石碎屑发生强烈溶解，有机酸与长石反应，形成高岭石（林春明，2019）：

$$2KAlSi_3O_8（钾长石）+2H^++H_2O \longrightarrow Al_2Si_2O_5(OH)_4（高岭石）+4SiO_2（石英）+2K^+$$

$$CaAl_2Si_2O_8（钙长石）+2H^++H_2O \longrightarrow Al_2Si_2O_5(OH)_4（高岭石）+Ca^{2+}$$

反应式右边的高岭石，在 Al^{3+} 的浓度达到 100×10^{-6} 时，可呈络合物被孔隙水带走；SiO_2 可留在原处或被孔隙水带到别处沉淀形成自生石英胶结物。

研究区溶蚀作用发育一般，但它仍是砂岩储层次生孔隙的产生、改善微观孔喉结构的主导因素。据铸体薄片和扫描电镜观察，砂岩中的长石颗粒发生了强烈的溶蚀作用，形成了大量的溶蚀型次生孔隙，从被溶蚀的程度来看可分为长石粒内溶蚀（图 4-16a）和颗粒全部溶蚀（铸模孔）（图 4-16b），扫描电镜下可以看到长石被溶蚀成蜂窝状或铸模孔（图 4-16c），也见钾长石溶蚀后向高岭石转化现象（图 4-16d）。造成长石大量溶蚀的原因可能与中成岩 A 期地层中有机质在较高的温压条件下分解产生的有机酸进入砂岩储层有关，由于有机流体的进入，孔隙介质 pH 降低，成岩环境变为酸性（林春明，2019）。

4.1.4　交代作用

交代作用是指矿物被溶解，同时被沉淀出来的矿物所置换，新形成的矿物与被溶解的矿物没有相同的化学组分。研究区长 6 和长 8 砂岩储层的交代作用较为常见，包括碎屑颗粒的蚀变和胶结物对碎屑颗粒的交代等。常见的交代作用有：①黑云母的水化、绿泥石化，长石的伊利石化；②长石颗粒沿边缘及解理缝的黏土化、被伊利石或绿泥石交代；

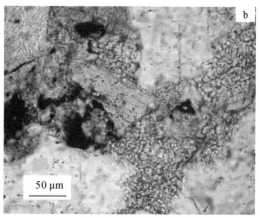

图 4-16　鄂尔多斯盆地镇泾地区延长组砂岩储层溶蚀作用

a. 长石被溶蚀，HH105 井，2120.84 m，长 6，（−）；b. 长石溶蚀成铸模孔，ZJ5 井，2145.66 m，长 8，铸体薄片，（−）；c. 长石溶蚀，ZJ5 井，2145.66 m，长 8，扫描电镜；d. 钾长石溶蚀成高岭石，HH105 井，2296.56 m，长 8，扫描电镜

③碳酸盐胶结物对长石、岩屑、云母颗粒等的交代和对石英次生加大的交代；④方解石、铁方解石对杂基的交代（图 4-10）。偏光镜下依据被交代的矿物的轮廓及交代的残余部分仍然可辨认出被交代矿物的种类。碳酸盐对碎屑物质交代的主要控制因素是 pH 和温度，温度升高，pH 增大，交代作用增强，因此，随埋深加大，碳酸盐的交代作用明显增强。纯粹的矿物交代对储层物性影响不大，但对储层的潜在敏感性有重要影响。

4.2　成岩阶段划分

　　沉积后作用的演变，随沉积盆地的地质条件和历史变迁有着不同的差异，它受构造演化的阶段影响，因此，成岩阶段的划分有时是比较困难的，需结合区域地质背景并参考各种划分依据来确定其阶段。成岩阶段的划分依据主要有自生矿物的特征、黏土矿物组合及伊蒙混层比、有机质成熟度、岩石的胶结特征、孔隙类型和古地温等指标。

　　在沉积后作用期，成岩环境、成岩事件及其所形成的成岩现象等都各有其特点，据此可以把沉积后作用划分为不同的阶段。出于对沉积后作用的研究目的不同和采用的沉积后作用阶段划分依据不同，不同的学者提出的具体的阶段划分、命名、划分依据等也各不相同，到目前为止也还没有统一的划分方案（林春明，2019）。有的按埋藏深浅及岩石物理性质的变化，有的按自生矿物组合及其转变情况，有的偏重于黏土矿物类型及其变化，而有的则偏重于有机质的热成熟度及其相应标志，还有的依据地球化学环境及地质物理环境，以及依据煤岩学煤阶及其变化来划分。值得注意的是，任何一个方案都是地区性的或限定在某一国度内，对另一个地区可能就不一定完全适用（林春明，2019）。

　　本书采用的是中华人民共和国石油天然气行业标准《碎屑岩成岩阶段划分》（SY/T 5477—2003），其在我国具有一定的代表性。碎屑岩成岩过程可以划分为若干阶段，各阶段的划分依据有：自生矿物分布、形成顺序；黏土矿物组合、伊蒙混层黏土矿物的转化程度以及伊利石结晶度；岩石的结构、构造特点及孔隙类型；有机质成熟度；古温度–流体包裹体均一温度或自生矿物形成温度；伊蒙混层黏土矿物的演化等物理化学指标。根据这些依据，将沉积后作用阶段划分为同生成岩阶段、早成岩阶段、中成岩阶段、晚成岩阶段和表生成岩阶段，其中早成岩阶段和中成岩阶段又可划分为 A、B 两期（林春明，2019）。

　　根据砂岩薄片、铸体薄片和扫描电镜观察，研究区长 6、长 8 和长 9 储层镜质组反射率 R_o 值一般在 0.69%~0.75% 之间，有机质已达到成熟期。砂岩普遍经受了较强的压实作用改造，颗粒之间以线接触为主，凹凸和缝合接触基本不发育，原生孔隙已大量丧失，次生孔隙普遍发育。碳酸盐胶结物以亮晶方解石为主（图 4-10），铁方解石和铁白云石等晚期碳酸盐胶结物也开始出现；硅质胶结物主要表现为石英次生加大边，达 Ⅱ–Ⅲ 级，且可见许多自形程度较高的石英锥晶形成（图 4-11）；伊蒙混层比为 10%~25%，呈絮凝状、团块状集合体覆盖于颗粒表面，或呈蜂窝状集合体充填粒间（图 4-3）；高岭石呈书页状或蠕虫状充填于孔隙中（图 4-4），绿泥石呈叶片状分布于碎屑孔隙中，伊利石较少，主要呈针状或发丝状；碎屑颗粒之间以线接触为主，点或缝合状接触少见。在 HH105 井 2250.3 m 和 2265.84 m 处，扫描电镜下可见许多阶状石榴子石（图 4-17a~d），它是由陆

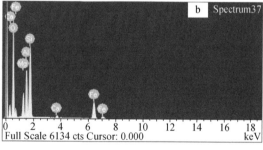

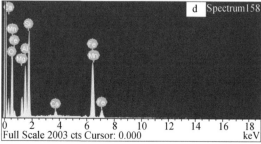

图4-17　鄂尔多斯盆地镇泾地区延长组长8储层扫描电镜下阶状石榴子石特征（HH105井，2265.84 m）

a. 阶状铁铝石榴子石（箭头所指），+为能谱打点位置，成分为 SiO_2（43.03%）、Al_2O_3（22.51%）、FeO（22.09%）、MgO（11.37%）、CaO（1.02%）；b. a图阶状铁铝石榴子石能谱图；c. 阶状铁铝石榴子石（箭头所指），+为能谱打点位置，成分为 SiO_2（32.58%）、Al_2O_3（17.08%）、FeO（41.31%）、MgO（6.58%）、CaO（1.57%）；d. c图阶状铁铝石榴子石能谱图；e. 石榴子石、自生石英和毛发状伊利石充填孔隙；f. e图进一步放大倍数

源碎屑石榴子石次生加大而形成的，阶面外形具有规则、面平、棱直、角尖特征，没有溶蚀现象，局部被自生高岭石交代，石榴子石与自生石英、毛发状伊利石共生（图4-17e、f），充填孔隙中，能谱测定阶面成分主要元素为 Si、Al 和 Fe，为铁铝石榴子石。另外，还可见少量的长石次生加大边和自生钠长石小晶体。周自立和吕正谋（1987）认为阶状石榴子石的形成温度大于92±5℃，是中成岩 A 期的标志性产物。刘林玉等（2006）对鄂尔多斯盆地白马南地区长8^1砂岩储层的流体包裹体测温得出，均一温度范围为90℃~130℃，主体介于100℃~120℃也证明长8砂岩储层处于中成岩 A 期阶段。这一时期储层非常容易形成较发育的溶蚀型次生孔隙。因此，可以判定长6、长8和长9砂岩均处于中成岩 A 期阶段。

根据岩石薄片、扫描电镜以及 X 射线衍射分析，镇泾地区长6、长8和长9储层岩石的成岩序列为：孔隙包膜绿泥石→机械压实作用→碎屑矿物破碎、蚀变→孔隙衬里绿泥石形成→石英次生加大边→早期亮晶方解石孔隙式胶结→酸性有机流体充注→长石、岩屑等碎屑颗粒以及早期碳酸盐胶结物溶解→硅质以及自生高岭石胶结物充填→阶状石榴子石形成→晚期亮晶方解石和孔隙充填绿泥石胶结→铁方解石、白云石和铁白云石胶结（图4-18、图4-19、图4-20），由于自生矿物的形成需要一定时间完成，因此，上述各成岩作用必然会出现重叠现象（漆滨汶等，2006，2007）。

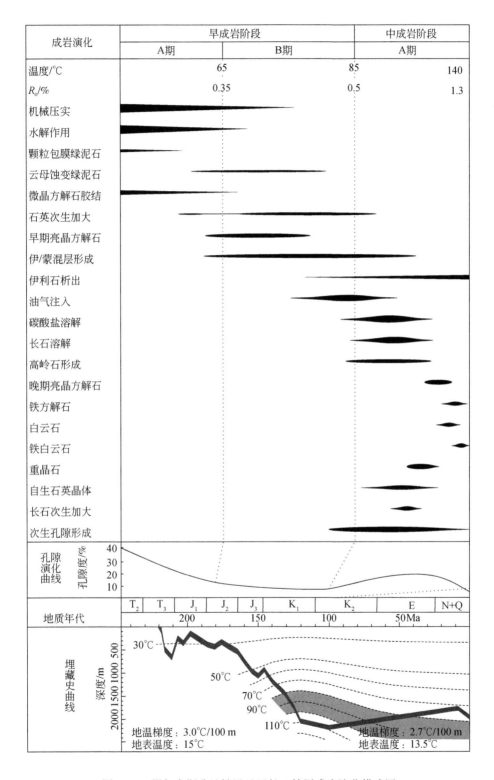

图 4-18　鄂尔多斯盆地镇泾地区长 6 储层成岩演化模式图

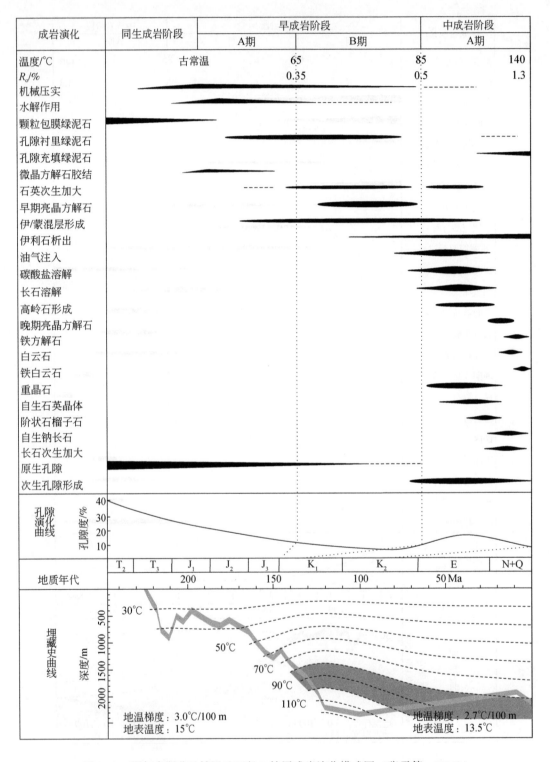

图 4-19　鄂尔多斯盆地镇泾地区长 8 储层成岩演化模式图（张霞等，2011b）

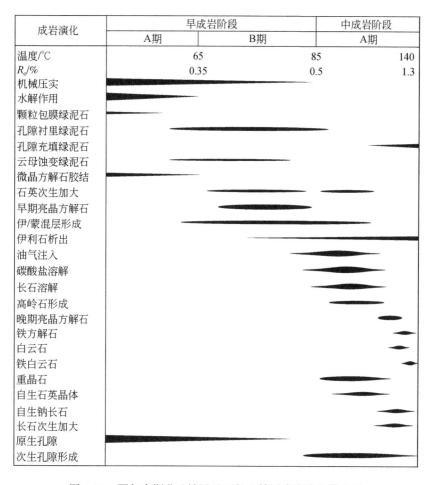

成岩演化	早成岩阶段		中成岩阶段
	A 期	B 期	A 期
温度/℃	65	85	140
R_o/%	0.35	0.5	1.3
机械压实			
水解作用			
颗粒包膜绿泥石			
孔隙衬里绿泥石			
孔隙充填绿泥石			
云母蚀变绿泥石			
微晶方解石胶结			
石英次生加大			
早期亮晶方解石			
伊/蒙混层形成			
伊利石析出			
油气注入			
碳酸盐溶解			
长石溶解			
高岭石形成			
晚期亮晶方解石			
铁方解石			
白云石			
铁白云石			
重晶石			
自生石英晶体			
自生钠长石			
长石次生加大			
原生孔隙			
次生孔隙形成			

图 4-20　鄂尔多斯盆地镇泾地区长 9 储层成岩演化模式图

4.3　成岩演化模式

　　中生代以来，鄂尔多斯盆地发育三次显著的沉降−抬升剥蚀演化过程，即晚三叠世延长组的沉降剥蚀史、侏罗纪延安组的沉降剥蚀史和中侏罗世—第四纪的沉降剥蚀史。只有早白垩世末期的剥蚀量对油气储层的形成有重要影响，而前两次的剥蚀量影响不大。温度是控制成岩作用的重要因素，因此储层成岩作用的演化与其埋藏深度及地温梯度密切相关。镇泾地区构造演化史和埋藏史的研究表明长 6、长 8 和长 9 储层成岩演化史类似，均主要受渐进埋藏作用的影响，该成岩体系表现为储层随上覆沉积物的不断沉积，埋深持续增大，地温逐渐升高（图 4-21）。镇泾地区长 6、长 8 和长 9 储层沉积后到晚侏罗世末期经历了同生成岩和早成岩阶段 A 期，以机械压实，铁镁物质水解，颗粒包膜和泥晶方解石的胶结作用为主，原生孔隙已大量消失。在此期间虽然长 6、长 8 和长 9 储层受晚印支运动的影响，抬升变浅，但储层基本未进入表生成岩环境，未受大气淡水影响。随后长 6、长 8 和长 9 储层继续埋藏，进入早成岩阶段 B 期，主要成岩事件包括石英次生加大，早期亮晶方解石和孔隙衬里绿泥石胶结及伊蒙混层黏土矿物的形成等，机械压实作用较早成岩阶段 A 期要弱，原生粒间孔含量继续减小，到早成岩阶段末期达到最小。早白垩世中期，长 6、长 8 和长 9 储层进入中成岩阶段 A 期。中成岩阶段 A 期早期，烃源岩开始生烃，排出大量有机酸，造成长石等铝硅酸盐、早期碳酸盐胶结物的显著溶解，形成大量溶蚀孔隙，同时因铝硅酸盐的溶解造成高岭石、自生石英雏晶和石英次生加大边、重晶石以及阶状石榴子石的形成；中成岩阶段 A 期晚期，中白垩世中期达到最大埋深，储层成岩流体由酸性变为碱性，主要成岩事件有孔隙充填绿泥石、晚期亮晶方解石、长石次生加大、自生钠长石晶体、铁方解石、白云石和铁白云石的形成。燕山晚期—喜马拉雅期鄂尔多斯盆地整体抬升，长 6、长 8 和长 9 储层埋深在 1900～2300 m 之间。目前长 6、长 8 和长 9 储层正处于成岩温度为 80～100℃ 的区间内，该区间是有机酸溶解作用最强区间，溶蚀孔隙特别发育，有利于有效储层的形成。

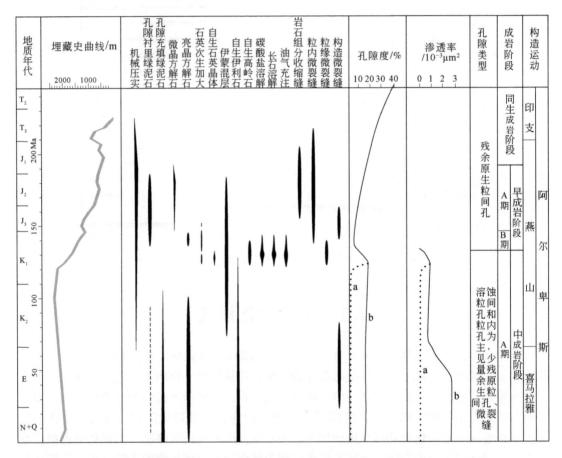

图 4-21　鄂尔多斯盆地镇泾地区长 8 油层组砂岩储层物性及成岩演化模式图（张霞等，2012）

a 表示晚期亮晶方解石胶结物特别发育；b 表示晚期亮晶方解石胶结物不发育；由于砂岩沉积物早期渗透率值无法估计，本图只讨论中成岩阶段 A 期之后长 8 油层组砂岩渗透率的变化趋势

第5章 储层孔隙结构和物性特征

本研究通过砂岩样品铸体薄片的显微镜下观察与定量统计、孔隙度和渗透率与毛细管压力测试、扫描电镜及能谱分析、电子探针及背散射等测试分析手段，对鄂尔多斯盆地长6、长8和长9油层组砂岩储层的微观孔隙结构特征、物性特征进行了系统分析。

5.1 储层孔隙结构特征

储层的孔隙是指储集岩中未被固体物质充填的空间，是储集油气的场所。它不仅与油气运移、聚集密切相关，而且在开发过程中对油气的渗流也具有十分重要的意义。

储层微观孔隙结构研究是储层描述与评价的一个重要方面，它是从岩心样品分析入手，通过观察岩石薄片、铸体薄片、压汞曲线、物性以及扫描电镜和X射线衍射分析等，阐明储层的孔隙结构和喉道类型等，全面总结储层的微观孔隙结构特征，为有利储层的预测与评价提供依据。

5.1.1 孔隙类型及组合

1. 孔隙类型

根据研究区铸体薄片观察与描述，结合扫描电镜等手段，将长6、长8和长9油层组的孔隙类型按成因分为原生孔隙和次生孔隙两种类型（表5-1）。原生孔隙主要为残余原生粒间孔，次生孔隙是长6、长8和长9油层组的主要储集空间，包括粒间溶孔、粒内溶孔、铸模孔或填隙物内溶孔、自生矿物晶间孔和微裂缝等类型，其中粒间溶孔最为发育（图5-1），且又以超大溶蚀粒间孔为主。

表5-1 鄂尔多斯盆地镇泾地区长6、长8和长9油层组储层孔隙类型及特征

成因分类	孔隙类型	孔隙特征
原生孔隙	残余原生粒间孔	经压实、胶结之后剩余的粒间孔，形态规则
	填隙物内微孔	泥质杂基颗粒相互支撑形成的孔隙
次生孔隙	溶蚀粒间孔	由杂基、胶结物、长石和岩屑等碎屑颗粒边缘被溶解形成，溶解强烈时可形成溶蚀扩大孔和特大溶蚀粒间孔
	溶蚀粒内孔	由长石、岩屑等易溶颗粒不同程度溶解形成粒内孤立溶孔、粒内蜂窝状溶孔，强溶后可形成铸膜孔

续表

成因分类	孔隙类型		孔隙特征
次生孔隙	自生矿物晶间孔		长石、岩屑及杂基等蚀变或粒间化学沉淀伊利石、高岭石、绿泥石等黏土矿物的晶间孔，其中以高岭石晶间孔最为发育
	微裂缝	粒内微裂缝	主要见于脆性碎屑颗粒内部，较为平直，一般不超出颗粒，为压实作用产物
		构造微裂缝	沿颗粒边缘分布，同时还可切穿碎屑颗粒，一般未充填，连通性好，常与铸膜孔、次生溶孔及残余原生粒间孔组成连通网络，为构造作用产物
		粒缘微裂缝	沿颗粒边缘分布，可能与粒缘胶结物溶解有关
		岩石组分收缩缝	由黑云母、泥质碎屑和杂基等脱水收缩形成

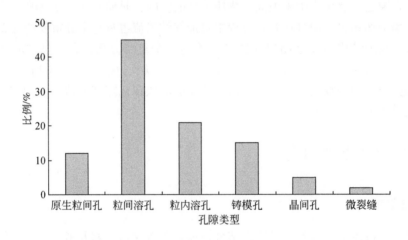

图5-1　鄂尔多斯盆地镇泾地区长6、长8和长9油层组储层孔隙分类统计图

1）残余原生粒间孔隙

该类孔隙是指原生粒间孔隙在成岩过程中不断地充填一些成岩矿物，导致孔隙体积缩小、连通性变差的一类孔隙，主要有四种类型：①碎屑颗粒被绿泥石（图5-2a）、伊利石和伊蒙混层黏土膜胶结后的残余原生粒间孔，这类孔隙形态规则，呈三角形、四边形及长方形，孔隙一般较大，直径在0.01~0.5 mm之间，多分布于杂基和塑性颗粒含量低、分选中等到好的中细粒砂岩中（图5-2b、c）；②石英次生加大边、自生石英锥晶胶结后的残余原生粒间孔含量较少（图5-2d）；③杂基、早期微晶方解石胶结物充填后的残余原生粒间孔，形态不规则，孔径相对较小；④黑云母、泥岩和千枚岩等塑性颗粒压实变形呈假杂基状占据孔隙后的残余原生粒间孔，此类孔隙粒径最小，普通显微镜下难以辨认。

2）粒间溶孔

粒间溶孔一般是在剩余原生孔隙基础上沿颗粒边缘或填隙物溶解扩大而成，主要有两种产出形式。一种粒间溶孔是在剩余原生粒间孔的基础上进一步溶蚀扩大而成，称为粒间溶孔，溶解组分主要为长石、方解石、岩屑等，主要分布在孔隙衬里绿泥石中等发育的砂

图 5-2　鄂尔多斯盆地镇泾地区延长组残余原生粒间孔隙特征

a. HH105 井，2260.79 m，长 8，电子探针背散射；b. HH55-2，2113.08 m，长 9，电子探针背散射；

c. HH55-5，2068.62 m，长 9，电子探针背散射；d. ZJ9 井，2267.14 m，长 8，扫描电镜

岩中，形态不规则，外形呈港湾状，孔径大小和分布不均匀，一般在 0.01~0.5 mm 之间，最大孔径可达 3 mm，可以形成特大溶蚀粒间孔（图 5-3a），明显地大于孔隙周围最大颗粒的孔隙，边部往往留有难溶的"漂浮"颗粒存在（图 5-3b），常与长石、岩屑溶孔等伴生，并被细小的溶蚀缝连通起来。碳酸盐胶结物较为发育的层段可见贴粒孔隙（图 5-3c），此类孔隙在碳酸盐胶结的砂岩中紧靠陆源碎屑颗粒出现，常呈叶片状、透镜状或串珠状分布于颗粒周围，它不是碳酸盐矿物沉淀时留下的孔隙，而是地下深处的酸性水溶液沿颗粒与胶结物之间薄弱环节，把紧靠颗粒边缘的碳酸盐胶结物溶解之后形成的次生孔隙。同时还可见跨越多个颗粒的粒间孔隙，常呈不规则条状、折线状，通常称为伸长状孔隙（图 5-3d）。此类孔隙是研究区长 6、长 8 和长 9 油层组烃类富集的主要孔隙类型之一。另一种粒间溶孔是在高岭石黏土晶间孔的基础上再溶解所形成的孔隙，这类孔隙含量较少。这两种成因的孔隙类型也可以相伴出现。

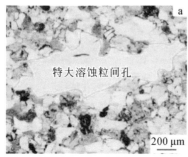
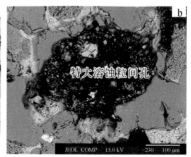

图 5-3　鄂尔多斯盆地镇泾地区延长组粒间溶孔特征

a. HH56 井，2109.2 m，长 9，（-）；b. HH105 井，2264.14 m，长 8，电子探针背散射；c. 方解石周围贴粒溶孔，
HH69 井，2069.62 m，长 9，（+）；d. 伸长状孔隙，HH55-5 井，2061.43 m，长 9，电子探针背散射

3）粒内溶孔及铸膜孔

粒内溶孔是砂岩中部分碎屑颗粒内部在埋藏成岩中发生部分溶解而产生的一类孔隙，粒内溶孔多沿着矿物解理缝、双晶缝、岩屑斑晶与基质的接触面发育，随着溶蚀作用的加强，粒内溶蚀孔逐渐变大。当颗粒全部或几乎全部被溶解而保留其原晶体假象时，则成为铸膜孔。通过铸体薄片和扫描电镜观察分析，溶蚀粒内孔多见于长石中（图 5-4a、b），分布很不均匀，在溶解作用较强的地区，石英颗粒表面也发生溶解而形成小的次生溶孔，

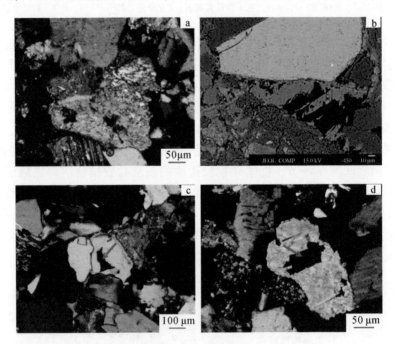

图 5-4　鄂尔多斯盆地镇泾地区延长组粒内溶孔特征

a. 长石粒内溶孔，HH56 井，2104.43 m，长 9，（+）；b. 长石粒内溶孔，HH55 井，2107.83 m，长 9，背散射；c. 方
解石粒内溶孔（箭头所指），HH55 井，2090.99 m，长 9，（+）；d. 亮晶方解石粒内溶孔（箭头所指），HH55-5 井，
2103.94 m，长 9，（+）

发生溶解后的石英表面呈凹凸不平状，边缘呈现不规则状或港湾状；喷发岩岩屑中的长石斑晶和基质部分被溶蚀后形成蜂窝状粒内溶孔，粉砂岩岩屑的粒内溶蚀孔多是由于碳酸盐胶结物被溶蚀而形成的（图 5-4c、d）。黑云母、千枚岩等假杂基被溶蚀后形成粒内微溶孔。溶蚀粒内孔隙也是本研究区烃类富集的主要孔隙类型之一。

4）填隙物内溶孔

充填于颗粒之间的填隙物是砂岩的又一可溶组分（图 5-5），由于研究区杂基含量较低，此类孔隙不发育。

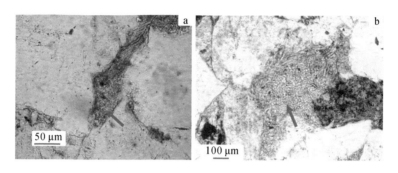

图 5-5　鄂尔多斯盆地镇泾地区 ZJ5 井延长组长 8 油层组储层填隙物内溶孔特征
a. 杂基内溶孔（箭头所指），2146.82 m，蓝色铸体薄片，(−)；b. 紧密充填的
高岭石杂基内溶孔（箭头所指），2146.82 m，普通薄片，(−)

5）自生矿物晶间微孔隙

是指碎屑岩在成岩过程中形成的分布于碎屑颗粒间自生矿物晶体间的微孔隙，此类孔隙一般都是小孔隙，但由于自生矿物的成分、晶粒大小不同，晶间微孔也有相对大小之分。高岭石晶间孔一般比绿泥石、伊利石晶间孔要大一些（图 5-6a）；粗粒高岭石晶间孔要比细晶高岭石晶间孔大一些，结晶良好的高岭石晶间孔孔径可达 5～20 μm（图 5-6b），此类孔隙在研究区长 6、长 8 和长 9 砂岩储层段非常发育。

6）微裂缝

研究区的微裂缝包括由于压实作用、收缩作用及各种构造应力作用形成的细小裂隙，研究区长石岩屑砂岩、岩屑长石砂岩中裂缝不是很发育，只有个别井位的个别层段裂隙发育，最多可达 1%～2%，部分已充填，未充填的微裂缝主要起到孔隙之间的连通作用。

微裂缝可分为构造微裂缝（图 5-7a、b）、粒内微裂缝（图 5-7c）、粒缘微裂缝（图 5-7d）及岩石组分收缩缝（图 5-7e、f）四种类型，构造裂缝较细，常可切穿岩石颗粒、杂基等，缝内较为洁净，少数充填有泥质、硅质和方解石等物，占微裂缝总数的 98%，其余裂缝占 2%。

图 5-6　鄂尔多斯盆地镇泾地区延长组自生矿物晶间微孔隙特征

a. 高岭石晶间孔，HH105 井，2160.6 m，长 6，（-）；b. 高岭石晶间孔，ZJ19 井，2282.81 m，长 8，扫描电镜；
c. 绿泥石晶间孔，HH56 井，2101.79 m，长 9，扫描电镜；d. 伊利石晶间孔，HH55 井，2099.54 m，长 9，扫描电镜

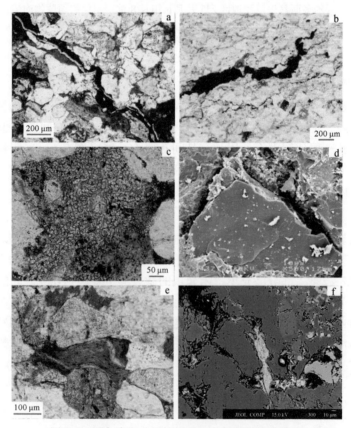

图 5-7　鄂尔多斯盆地镇泾地区延长组微裂缝特征

a. ZJ5 井，2154.49 m，长 8，蓝色铸体薄片，（-）；b. HH51 井，1863.28 m，长 9，（-）；c. HH105 井，2255.82 m，长
8，背散射；d. HH56　井 2109.46 m，长 9，（-）；e. ZJ19 井，2299.86 m，长 8，蓝色铸体薄片，（-）；f. HH55-5，
2068.62 m，长 9，电子探针背散射

2. 孔隙组合

研究区长 6、长 8 和长 9 储层储集空间由多种类型的孔隙组合而成。孔隙的组合类型不同，导致储层的微观非均质性不同和储层物性及孔隙结构类型不同，表现出的渗流特征不同，对采收率的大小也有影响。依据铸体薄片分析结果，可将储层孔隙组合分为粒间孔-溶孔型、溶孔型、粒间孔-微孔型和微孔型四种组合类型（图 5-8，表 5-2）。

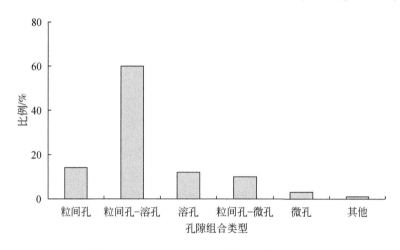

图 5-8 镇泾地区长 6、长 8 和长 9 储层孔隙组合分类统计图

表 5-2 鄂尔多斯盆地镇泾地区长 6、长 8 和长 9 储层孔隙组合类型参数表

孔隙组合类型	平均面孔率/%	平均孔径/μm	最大粒径平均值/mm	分选性	磨圆度	胶结类型	孔渗特征
粒间孔-溶孔	0.8	87	0.39	中-好	次棱角状	孔隙-薄膜	比较高
溶孔	0.5	57.5	0.39	中-好	次棱角状	孔隙	中等
粒间孔-微孔	0.3	46.7	0.34	中	次棱角状	孔隙-薄膜	孔隙度稍大渗透率偏低
微孔	0.1	35	0.1	中	次棱角状	薄膜-孔隙	比较低

1）粒间孔-溶孔型

长 6、长 8 和长 9 储层的粒间孔与粒内溶孔组合成一种良好的复合储渗空间，长 6 储层中，该孔隙组合类型占样品总数的 48%，占长 8 储层的 68%，占长 9 储层的 60%。发育该类孔隙组合类型的砂岩磨圆度以次棱角状为主，胶结类型主要为孔隙-薄膜，分选中等-好，平均面孔率 0.8%。喉道类型以缩颈型和孔隙缩小型喉道为主。孔隙度和渗透率一般较高。

2）溶孔型

岩石中的孔隙以次生溶孔为主，原生孔隙较少见。泥质填隙物含量较低，因此，杂基内微孔隙不发育。磨圆度为次棱角状，胶结类型以孔隙和次生加大为主，分选中等-好，喉道类型以片状和弯片状为主,孔隙度和渗透率中等。

3) 粒间孔-微孔型

该孔隙组合类型以粒间孔为主,并包含各种类型的微孔隙,如高岭石晶间微孔、黏土杂基内微孔等,并有少量零星分布的溶孔。占样品总数的 10% 左右。磨圆度为次棱角状,胶结类型以孔隙-薄膜为主,分选为中等,平均面孔率 0.3%,喉道类型以缩颈型和管束状喉道为主。孔隙度一般稍大,而渗透率偏低。

4) 微孔型

主要孔隙空间为各种类型的微孔隙及少量的次生溶孔,磨圆度以次棱角状为主,胶结类型为薄膜-孔隙式,分选中等,喉道类型以管束状喉道为主,孔隙度和渗透率均比较低。

5.1.2　微观孔隙结构特征

储层孔隙结构主要由孔隙和喉道组成。孔隙结构特征是指孔隙及连通孔隙的喉道大小、形状、连通情况、配置关系及其演变特征。目前研究岩石孔隙结构的方法主要有毛细管压力法、铸体薄片法、扫描电镜法和图像分析法。最常用的是毛细管压力法,它用于储层研究已多年,现已经成为研究孔隙结构的经典方法。微观孔隙结构直接影响着储层的储集渗流能力,并最终决定油气藏产能的差异分布。对于特低渗透储层而言,不同渗透率级别的储层其孔隙直径大小及分布性质差别不大,差别主要体现在喉道的大小和分布上（张霞等,2012）。

1. 孔隙结构

根据铸体图像分析,长 8 储层孔隙半径平均 33.09 μm,孔喉配位数平均 0.59,孔喉比平均 2.96,孔隙分选系数平均 15.29,面孔率平均 8.07%（表 5-3）。

表 5-3　鄂尔多斯盆地镇泾地区长 8 储层孔隙特征参数表

层位	平均孔隙半径 /μm	平均 配位数	平均 孔喉比	分选系数	面孔率 /%	评价
长 8	$\dfrac{19.84 \sim 46.57}{33.09}$	$\dfrac{0.17 \sim 1.27}{0.59}$	$\dfrac{1.00 \sim 5.22}{2.96}$	$\dfrac{6.95 \sim 23.48}{15.29}$	$\dfrac{1.64 \sim 21.10}{8.07}$	中孔

注：19.84~46.57/33.09 表示最小值~最大值/平均值。

2. 毛细管压力特征

毛细管压力测定最能直接反映砂岩孔隙结构的几个参数是：①反映孔喉大小的参数,如排驱压力（MPa）、中值压力（MPa）、中值半径（μm）;②表征孔喉分选特征的参数,如分选系数、变异系数、均值系数、歪度系数;③反映孔喉连通性及控制流体运动特征的参数,如最大进汞饱和度（%）和退汞效率（%）。毛细管压力曲线的形态主要受孔喉分布的歪度及孔喉的分选性两个因素所控制。所谓歪度是指孔喉大小分布中是偏于粗孔喉还是偏于细孔喉。偏于粗孔喉的称为粗歪度,偏于细孔喉的称为细歪度。对于储集岩来说，歪度越粗越好。孔喉分选性则是指孔喉大小分布的均一程度。孔隙大小分布越集中则表明其分选性越好，在毛管压力曲线上就会出现一个水平的平台。而当孔喉分选较差时，毛管压力曲线就是倾斜的。毛管压力曲线越是接近纵横坐标轴，微观孔隙结构越好，孔喉均匀而偏粗歪度，渗透率越高，排驱压力越低；越是远离纵横坐标轴，微观孔隙结构越差，孔喉不均而偏细歪度，渗透率越低，排驱压力越高。若是曲线占据了坐标轴的右上方，该岩样代表了很差的储集岩。下面分别阐述长 6、长 8 和长 9 储层毛细管压力特征。

1）长 6 油层组毛细管压力特征

根据长 6 油层组砂岩的毛细管压力测定参数统计（表5-4），结合研究区储层物性、储集空间的宏观特征、微观孔隙结构特征以及储层厚度、岩性将研究区长 6 储层分为Ⅰ、Ⅱ、Ⅲ三种类型（图5-9）。

表 5-4　鄂尔多斯盆地镇泾地区长 6 储层喉道特征参数表

样品编号	井深/m	歪度	分选系数	变异系数	中值压力/MPa	中值半径/μm	排驱压力/MPa	最大进汞饱和度/%
HH103-2	1861.31	−0.63	2.22	0.18	0.00	0.00	0.39	48.45
HH103-4	1861.83	−0.23	2.14	0.18	4.95	0.15	0.43	78.65
HH103-6	1862.29	0.55	1.97	0.19	1.32	0.56	0.41	88.90
HH103-10	1863.12	0.70	2.55	0.27	0.42	1.75	0.11	86.97
HH103-11	1863.31	0.45	2.74	0.28	0.66	1.11	0.11	80.67
HH103-14	1863.87	−0.04	2.89	0.27	1.97	0.37	0.12	66.63
HH103−17	1864.76	0.55	2.90	0.32	0.39	1.89	0.08	85.94
HH103-21	1865.96	−0.08	2.34	0.24	0.90	0.82	0.07	95.80
HH103-26	1895.46	0.65	1.73	0.16	1.50	0.49	0.50	93.37
HH103-29	1895.84	0.36	1.69	0.15	2.90	0.25	0.88	83.21
HH103-34	1896.76	0.41	1.78	0.17	1.68	0.44	0.41	94.58
HH103-36	1897.16	0.40	2.18	0.21	1.53	0.48	0.32	84.07
HH103-41	1900.90	−0.65	1.89	0.16	3.62	0.20	0.74	83.68
HH103-44	2149.74	−1.56	1.47	0.11	13.06	0.06	0.99	79.44
ZJ19-1	2072.91	0.88	1.06	0.09	3.42	0.22	1.57	96.09
ZJ19-4	2073.51	0.12	1.46	0.13	2.95	0.25	0.99	88.53
ZJ19-6	2074.02	0.74	1.30	0.11	2.86	0.26	1.16	90.97
ZJ19-10	2074.79	0.53	1.48	0.13	2.71	0.27	0.90	86.41

续表

样品编号	井深/m	歪度	分选系数	变异系数	中值压力/MPa	中值半径/μm	排驱压力/MPa	最大进汞饱和度/%
ZJ19-13	2075.55	-0.37	1.71	0.14	13.36	0.06	1.09	55.22
ZJ19-15	2076.29	-0.61	1.99	0.17	4.41	0.17	0.73	77.27
ZJ19-18	2076.63	0.56	1.61	0.15	2.02	0.36	0.65	90.88
ZJ19-27	2146.06	0.20	1.62	0.13	4.59	0.16	1.33	81.45
ZJ19-34	2147.73	0.29	1.78	0.15	3.51	0.21	1.07	85.86
ZJ19-37	2148.24	-0.85	1.22	0.09	0.00	0.00	2.48	43.88
ZJ19-39	2148.64	0.19	1.58	0.13	5.03	0.15	1.50	81.64
ZJ19-44	2149.74	0.10	1.68	0.14	4.79	0.15	1.21	76.19

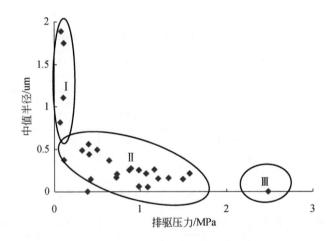

图 5-9　镇泾地区长 6 储层排驱压力与中值半径交会图

Ⅰ类为好储层。以低排驱压力-粗喉道型为特征，岩性以细粒长石岩屑砂岩为主，其次为中粒长石岩屑砂岩。溶孔较发育，主要储集空间为溶孔-粒间孔组合，以原生粒间孔为主。渗透率在 $1.29 \times 10^{-3} \sim 2.08 \times 10^{-3}$ μm^2 之间，孔隙度在 10.3% ~ 14.3% 之间。毛管压力曲线中间平缓段较长，位置靠下，孔喉分选好，喉道半径大（图 5-10a），排驱压力及中值压力分别为 0.07 ~ 0.39 MPa 和 0.39 ~ 0.66 MPa，平均喉道半径为 0.82 ~ 1.89 μm，最大进汞饱和度大于 85%，退出效率为平均值为 33.4%。

Ⅱ类为较好-较差储层。以中排驱压力-中喉道为特征，是研究区的主要储层。岩性以中细粒岩屑长石砂岩为主，其次为细粒长石岩屑砂岩。溶孔较不发育，主要储集空间为由溶蚀粒间孔、原生粒间孔和微孔隙组成的复合孔，以残余的溶蚀粒间孔为主。这类储层渗透率在 $0.24 \times 10^{-3} \sim 1.13 \times 10^{-3}$ μm^2 之间，孔隙度一般为 8.0% ~ 13.2%。毛管压力曲线中间平缓段位置靠下，孔喉分选较好，喉道半径较大（图 5-10b）。排驱压力及中值压力分别为 0.75 ~ 0.1.57 MPa 和 0.42 ~ 3.42 MPa，平均喉道半径为 0.36 ~ 1.75 μm，最大进汞饱和度小于 75%。喉道半径属中孔细-小孔细喉道，以小孔细喉道型为主。

Ⅲ类为差储层。以高排驱压力-细喉道型为特征，岩性以岩屑质石英砂岩为主，微孔型孔隙组合。孔隙度<8.0%，渗透率<0.1×10^{-3} μm^2。毛管压力曲线位置靠上，为高斜坡型，孔喉分选差，喉道半径微小（图5-10c）。排驱压力平均 11.18 MPa，最大孔喉半径小于 0.15 μm，孔喉半径均值小于 0.10 μm，无中值压力和中值半径。

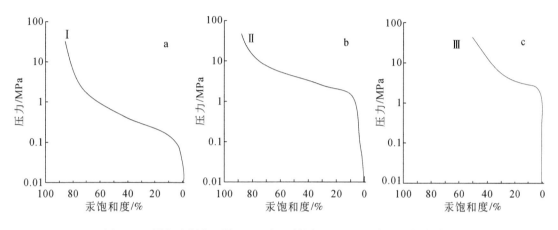

图 5-10   鄂尔多斯盆地镇泾地区长 6 储层Ⅰ、Ⅱ和Ⅲ类压汞曲线特征

2）长 8 油层组毛细管压力特征

根据长 8 油层组砂岩的毛细管压力测定参数统计结果（表5-5），可以看出砂岩的喉道具有如下特征：①大部分砂岩的排驱压力较低，在 0.18 ~ 5.15 MPa 之间，平均 1.68 MPa，但中值压力范围变化较大，在 0 ~ 31.65 MPa 之间，平均 9.33 MPa，反映岩石孔喉分布的不均匀；②中值喉道半径分布范围在 0.01 ~ 1.23 μm 之间，平均 0.13 μm，主要分布在 0.03 ~ 0.40 μm 之间，最大孔喉半径普遍小于 1.0 μm，主要偏向于孔喉半径较小的一侧，反映研究区喉道半径普遍较小。

表 5-5   鄂尔多斯盆地镇泾地区长 8 储层喉道特征参数表

数值	排驱压力/MPa	中值压力/MPa	中值喉道半径/μm	分选系数	变异系数	歪度	最大进汞饱和度/%	退汞效率/%	评价
最小值	0.18	0	0	0.03	0.06	-1.22	37.94	0	
最大值	5.15	31.65	1.23	2.21	0.19	2.95	94.57	42.28	细喉
平均值	1.68	9.33	0.13	0.93	0.13	0.8	67.33	32.68	

分选系数和变异系数直接反映了孔喉分布的均匀程度及喉道的分选好坏，值越小，孔喉分布越均匀。均值系数反映孔喉分布的均匀程度，均值系数越大，孔喉分布越均匀；歪度是反映喉道大小的一个主要参数，它是指孔隙大小偏向于粗孔径还是细孔径。一般来说，正值表示粗歪度，负值表示细歪度。研究区长 8 砂岩储层的喉道分选系数在 0.03 ~

2.21之间，平均0.93，变异系数在0.06～0.19之间，平均0.13，变化虽然较大，但值均较小，表明大部分砂岩的孔喉分选较好；喉道歪度在-1.22～2.95之间，平均0.8。最大进汞饱和度较高，在37.94%～94.57%之间，平均67.33%，退汞效率较低，在0～42.28%之间，平均32.68%，说明砂岩的喉道半径小，孔隙与喉道之间的连通性较差。

　　利用毛管压力曲线形态及各特征参数的统计分析，并结合扫描电镜、铸体薄片和岩石物性，将长8油层组砂岩的孔喉结构分为Ⅰ、Ⅱ、Ⅲ类三种类型，以Ⅱ型为主（图5-11）。压汞曲线整体具有明显的平台，排驱压力、中值压力比较高，随着物性的变差，曲线向右上方迅速抬高。

　　Ⅰ类为低排驱压力-细喉道型。此类砂岩毛管压力曲线平缓，进汞曲线均出现较大平台，排驱压力在0.74～0.79 MPa之间，平均0.77 MPa；中值压力为1.91～2.12 MPa，平均2.02 MPa；最大连通半径在0.94～1.01 μm之间，平均0.98 μm；中值喉道半径为0.35～0.39 μm，平均0.37 μm；平均喉道半径在0.38～0.41 μm之间，平均0.40 μm，属细喉道型；喉道半径呈单峰分布，峰值为0.63 μm；喉道分选好，分选系数在0.24～

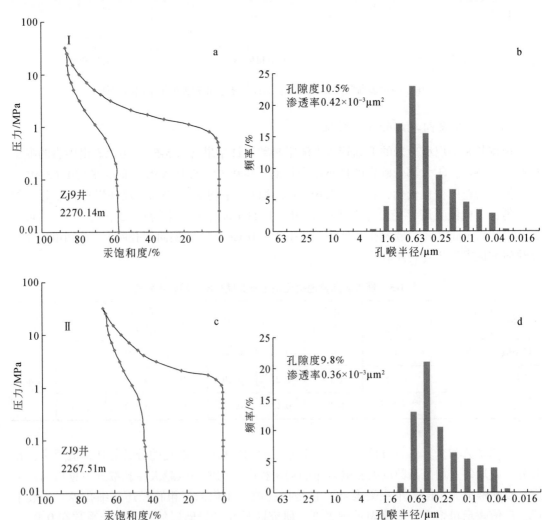

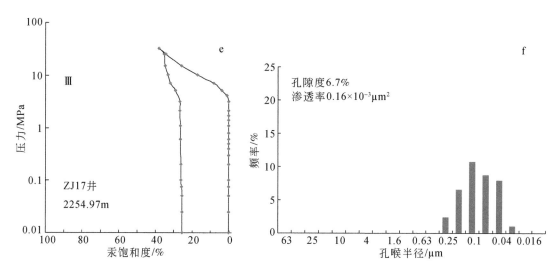

图 5-11 镇泾地区长 8 油层组砂岩毛管压力曲线特征和孔喉半径统计直方图

0.27 之间，平均 0.26；最大进汞饱和度为 86.68%~88.18%，普遍大于 85%，退汞效率在 33.98%~34.81%，平均 34.40%。此类储层物性较好，其孔隙度普遍大于 10%，渗透率在 $0.39×10^{-3}~0.42×10^{-3}$ $μm^2$ 之间，平均 $0.40×10^{-3}$ $μm^2$（图 5-11a、b）。

　　Ⅱ类为中排驱压力–较细喉道型。该类砂岩毛管压力曲线较平缓，进汞曲线也出现明显平台，但平台较短。排驱压力一般介于 0.89~2.24 MPa 之间，平均 1.49 MPa；中值压力为 3.20~24.24 MPa 之间，平均 11.40 MPa；最大连通半径在 0.42~0.82 $μm$ 之间，平均 0.62 $μm$；中值喉道半径为 0.03~0.23 $μm$，平均 0.10 $μm$；平均喉道半径在 0.22~0.35 $μm$ 之间，平均 0.29 $μm$，属较细喉道型；孔喉集中，呈单峰分布，分选较好，分选系数在 0.11~1.90 之间，平均 1.15；最大进汞饱和度为 45.22%~85.59%，平均 69.81%；退汞效率在 27.87%~38.95%，平均 34.20%。此类储层孔隙度一般在 6.8%~12.6% 之间，平均 9.15%，渗透率在 $0.10×10^{-3}~0.61×10^{-3}$ $μm^2$ 之间，平均 $0.28×10^{-3}$ $μm^2$（图 5-11c、d）。

　　Ⅲ类为高排驱压力–微细喉道型。该类储层毛管压力进汞曲线倾斜，几乎无平台，体现出孔喉分布偏向于细–微喉的特征。排驱压力一般高于 2 MPa，在 1.86~5.15 MPa 之间；中值压力为 0 MPa；最大连通半径在 0.15~0.40 $μm$ 之间，平均 0.27 $μm$；中值喉道半径为 0 $μm$；平均喉道半径在 0.06~0.17 $μm$ 之间，平均 0.12 $μm$，属微细喉道型；喉道呈单峰分布，峰值为 0.1 $μm$，分选较好，分选系数在 0.03~0.79，平均 0.31；最大进汞饱和度低于 50%，在 37.94%~43.78% 之间，平均 41.40%。此类储层孔隙度一般在 5.5%~9.3% 之间，平均 7.17%，渗透率在 $0.16×10^{-3}~0.24×10^{-3}$ $μm^2$ 之间，平均 $0.19×10^{-3}$ $μm^2$（图 5-11e、f）。

　　3）长 9 油层组毛细管压力特征

　　根据长 9 油层组砂岩的毛细管压力测定参数统计（表 5-6），结合研究区储层物性、储集空间的宏观特征、微观孔隙结构特征以及储层厚度、岩性将研究区长 9 油层组毛细管压力曲线分为Ⅰ、Ⅱ、Ⅲ三种类型（图 5-12）。

表 5-6 鄂尔多斯盆地镇泾地区长 9 油层组喉道特征参数表

类别	Ⅰ类储层			Ⅱ类储层			Ⅲ类储层		
	最小值	最大值	平均值	最小值	最大值	平均值	最小值	最大值	平均值
最大进汞饱和度/%	95.20	99.93	98.72	88.00	99.63	96.57	84.65	99.90	93.84
渗透率/$10^{-3}\ \mu m^2$	2.52	14.90	7.61	0.16	3.12	0.88	0.05	0.39	0.16
孔隙度/%	14.50	17.80	16.25	10.50	17.50	15.04	5.50	15.90	11.35
喉道系数	10.29	11.37	10.85	10.87	13.31	11.97	11.49	13.96	12.80
分选系数	2.59	3.13	2.77	1.59	2.49	2.06	1.11	2.24	1.62
峰态	1.52	1.82	1.67	1.61	3.42	2.12	1.91	3.38	2.47
歪度	0.04	0.57	0.26	-0.49	1.60	0.60	0.11	1.74	1.05
平均喉道半径/μm	1.07	1.94	1.52	0.16	0.84	0.37	0.03	0.16	0.09
排驱压力	0.08	0.20	0.13	0.20	1.00	0.57	1.50	8.00	2.50
退汞效率/%	30.46	56.18	36.05	29.44	42.81	36.84	25.20	41.82	35.10

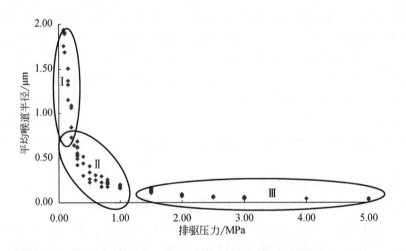

图 5-12 鄂尔多斯盆地镇泾地区长 9 储层排驱压力与平均喉道半径交会图

Ⅰ类压汞曲线，以低排驱压力-粗喉道型为特征（图 5-13a），岩性以细粒长石岩屑砂岩为主，其次为中粒长石岩屑砂岩，含油级别主要为油浸。溶蚀较为发育，主要胶结物为孔隙衬里绿泥石以及少量亮晶方解石，主要储集空间为溶孔-粒间孔组合，以原生粒间孔为主。渗透率在 $2.52\times10^{-3}\sim14.90\times10^{-3}\ \mu m^2$ 之间，平均为 $7.61\times10^{-3}\ \mu m^2$；孔隙度在 14.5%～17.80%之间，平均为 16.25%；分选系数为 2.59～3.13，平均为 2.77；歪度为 0.04～0.57，平均为 0.26；排驱压力为 0.08～0.20 MPa，平均为 0.13 MPa；平均喉道半径为 1.07 ~ 1.94 μm，平均为 1.52 μm；最大汞饱和度大于 95%，退汞效率平均为 36.05%（表 5-6），自然电位和自然伽马曲线负异常，补偿密度较大。毛管压力曲线中间平缓段较长，位置靠下，孔喉分选好、偏粗歪度，喉道半径大。

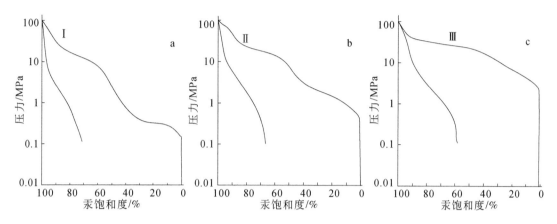

图 5-13　鄂尔多斯盆地镇泾地区长 8 储层 Ⅰ、Ⅱ、Ⅲ 类压汞曲线特征

Ⅱ类压汞曲线，以中排驱压力–中喉道为特征（图 5-13b），是研究区的主要类型。此类储层对应的储层岩性以中细粒岩屑长石砂岩为主，其次为细粒长石岩屑砂岩，含油级别主要为油斑–油浸。溶蚀作用较为不发育，胶结作用较强，主要的胶结物有亮晶方解石和自生石英晶体，主要储集空间为由溶蚀粒间孔、原生粒间孔和微孔隙组成的复合孔，以残余的溶蚀粒间孔为主。这类储层渗透率在 0.16×10^{-3} ~ 3.12×10^{-3} μm^2 之间，平均为 0.88×10^{-3} μm^2；孔隙度一般为 10.50% ~ 17.50% 之间，平均为 15.04%；分选系数为 1.59 ~ 2.49，平均为 2.06；歪度为 0.49 ~ 1.60，平均为 0.60；排驱压力为 0.20 ~ 1.00 MPa，平均为 0.57 MPa；平均喉道半径为 0.16 ~ 0.84 μm，平均为 0.37 μm；最大汞饱和度平均为 96.57%，退汞效率平均为 36.84%（表 5-6），自然伽马一般小于 90 API，声波大于 230 μs/m。毛管压力曲线中间平缓段位置靠下，孔喉分选较好、粗歪度，喉道半径较大。喉道半径属中孔–细小孔喉，以细小孔喉为主。

Ⅲ类压汞曲线，以高排驱压力–细喉道型为特征（图 5-13c），所对应的储层岩性以细粒岩屑质石英砂岩为主，含油级别为油斑。溶蚀作用几乎不发育，胶结作用异常发育，部分层段可见亮晶方解石呈基底式胶结，有效孔隙主要为少量溶蚀粒间孔，原生孔隙几乎不见。这类储层渗透率在 0.05×10^{-3} ~ 0.39×10^{-3} μm^2 之间，平均为 0.16×10^{-3} μm^2·；孔隙度一般为 5.50% ~ 15.90% 之间，平均为 11.35%；分选系数为 1.11 ~ 2.24，平均为 1.62；歪度为 0.11 ~ 1.74，平均为 1.05；排驱压力为 1.50 ~ 8.00 MPa，平均为 2.50 MPa；平均喉道半径为 0.03 ~ 0.16 μm，平均为 0.09 μm；最大汞饱和度平均为 93.84%，退汞效率平均为 35.10%（表 5-6），补偿密度较大，一般大于 2.55 g/cm^3，自然伽马大于 90 API，声波时差较低。毛细管压力曲线位置靠上，为高斜坡型，孔喉分选差、粗歪度，喉道半径微小。

总的来说，HH55 井区长 9 油层组储层孔喉不均一性较为明显，孔隙连通性一般，毛细管压力曲线以中排驱压力–中喉道型为主，高排驱压力–细喉道型次之，低排驱压力–粗喉道型最少。

3. 喉道类型及其特征

喉道为连通两个孔隙的狭窄通道，每一个喉道可以连通两个孔隙，而每一个孔隙可以和三个甚至多个喉道相连通。在同一个储层中，由于岩石颗粒的接触关系，颗粒大小、形状及胶结类型不同，其喉道的类型也不同，主要有孔隙缩小型、缩颈型、片状、弯片状和管束状五种类型（图5-14）。

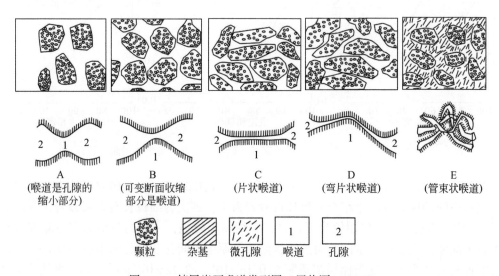

图 5-14　储层岩石喉道类型图（罗蛰潭，1986）

1）孔隙缩小型喉道

喉道为孔隙的缩小部分，喉道与孔隙无截然的界线。此类喉道通常发育于以原生孔隙为主的砂岩储层中。岩石结构多为颗粒支撑或漂浮状颗粒接触，胶结物和杂基少。往往属于大孔隙、粗喉道，孔喉直径比接近于1。这类喉道仅在局部区域比较常见，这可能与此区域砂岩较纯净、胶结物少有关。

2）缩颈型喉道

喉道是颗粒间可变断面的收缩部分。砂岩颗粒被压实而排列比较紧密，虽然其保留下来的孔隙还是比较大的，然而由于颗粒排列紧密，使喉道大大变窄。储层虽有较大孔隙度，但渗透率往往较低，属大孔隙、细喉道的储层类型，孔喉直径比很大。此类喉道常见于颗粒点接触、衬边胶结或自生加大胶结的砂岩中。

3）片状喉道

喉道呈狭小的片状分布，由于压实作用和压溶作用，使晶体再生长，孔隙变得越来越小，连通孔隙的喉道成为颗粒晶体之间的晶间缝，宽度一般只有几微米。主要分布在接触式和线接触式胶结类型的样品中，这类岩石虽然孔隙也比较小，但喉道更细，会有比较大的孔喉比，渗透性比较差。

4）弯片状喉道

同片状喉道类似，只是岩石颗粒的胶结类型多为凸凹接触，喉道呈不规则的片状弯曲，喉道宽度小，但喉道延伸长，喉道极细，所以其孔喉比较大，储层的渗透性很差。常见于接触式、线接触及凸凹接触式类型。

5）管束状喉道

当杂基及胶结物中含量较高时，原生的粒间孔隙有时可以完全被堵塞。在杂基及胶结物中的许多微孔隙本身既是孔隙又是连通通道，这些微孔隙交叉地分布于杂基及胶结物中，使孔隙度变为中等或较低。由于孔隙直径等于喉道直径，所以孔喉直径比为1。这类孔隙结构常见于杂基支撑、基底式及孔隙式、缝合接触式类型中。

通过铸体薄片显微镜下观察，结合扫描电镜观察，研究区长 6、长 8 和长 9 油层组砂岩储层喉道以缩颈型、片状和弯片状喉道为主，连通性较差，喉道配位数 1 为主，喉道半径平均为 0.08 μm，平均孔径为 56 μm，根据孔喉分类和孔喉组合类型标准（表 5-7），确定储层以中孔–细喉为主。

表 5-7　储层孔喉分类及孔喉组合类型

孔隙分级	孔隙中值直径/μm	喉道分级	喉道半径/μm
大孔型	>60	粗喉道	5
中孔型	30~60	中喉道	2~5
小孔型	10~30	细喉道	0.06~2
微孔型	<10	微喉道	<0.06
孔喉组合类型			
大孔粗喉型	大孔中喉型	中孔细喉型	小孔微喉型
中孔粗喉型	中孔中喉型	小孔细喉型	微孔微喉型
	小孔中喉型	微孔细喉型	

4. 裂缝

裂缝既是油气聚集的重要场所，又是油气由源岩进入储集体的必要条件，是致密砂岩储层物性描述的基本内容之一，裂缝的发育在很大程度上将改造致密砂岩储层的储集和渗流性质，从而有利于形成高产油气层。因此，在进行储层及储层物性评价中，应注意研究储层裂缝发育特征。研究发现，裂缝在研究区比较发育，它有效改善了研究区低孔低渗储层的物性，提高了孔隙的连通程度，是油气运移的主要通道之一。

1）裂缝的类型

镇泾地区长 6、长 8 和长 9 油层组储层内发育有较为丰富的裂缝，在岩心观察中非常明显。按照裂缝与岩心的关系，可以划分为以下几种类型：①垂直缝，裂缝倾角与岩心水平面夹角为 85°~90°；②高角度斜交缝，裂缝倾角在 45°~85°之间；③低角度斜交缝，裂缝倾角为 5°~45°；④水平裂缝，倾角为 0°~5°；⑤网状或不规则裂缝。研究区裂缝产状统计表明，裂缝倾角主要分布在 45°~90°范围（表 5-8、表 5-9、表 5-10），以垂直裂缝和高角度斜交裂缝为主，后者更发育，裂缝缝面一般比较平直（图 5-15a），斜交裂缝缝面可以见到擦痕、阶步等缝面构造（图 5-15b），擦痕方向主要是沿顺缝面方向，为剖面"×"形剪破裂，往往呈共轭出现。

表 5-8　鄂尔多斯盆地镇泾地区长 6 油层组储层部分井位裂缝发育统计表

井位	裂缝特征				总条数
	井深/m	角度	长度/cm	充填情况	
HH11	1772.48~1772.68	直立	20	未充填	1
HH16	2059.93~2058.93	80°	100	未充填	3
	1931.86~1932.06	80°	20	未充填	
	1930.03~1930.13	80°	10	未充填	
HH21	1671.85~1672.05	直立	20	未充填	6
	1663.67~1664.41	直立	74	未充填	
	1657.31~1657.91	直立	60	未充填，周围为泥岩	
	1650.81~1651.11	直立	30	方解石充填	
	1609.4~1609.5	45°	10	未充填	
	1606.07~1606.87	直立	80	未充填	
HH26	1967.22~1967.57	直立	35	充填沥青	11
	1966.54~1966.74	80°	20	未充填	
	1923.17~1923.67	直立	50	充填沥青	
	1895.35~1895.5	直立	15	未充填	
	1894.32~1894.57	80°	25	方解石充填	
	1891.34~1891.54	直立	20	充填方解石和沥青	
	1890.33~1890.53	80°	20	未充填，周围为泥岩	
	1888.28~1888.38	80°	10	未充填	
	1885.60~1886.70	80°	110	未充填	
	1883.24~1883.74	80°	50	方解石充填	
	1881.09~1881.39	80°	30	方解石充填	
HH105	2195.59~2195.84	直立	25	充填方解石和沥青	4
	2195.24~2195.34	直立	10	充填方解石和沥青	
	2160.80~2160.90	70°	10	未充填	
	2118.26~2118.56	直立	30	未充填	

表 5-9 鄂尔多斯盆地镇泾地区长 8 油层组储层部分井位裂缝发育统计表

井号	裂缝特征				总条数
	井深/m	角度	长度/cm	充填情况	
HH6	1779.12~1779.55	直立	43	未充填	2
	1779.02~1779.12	直立	10	未充填	
HH7	2096.34	直立	15	方解石充填	2
	2096.49	直立	10	方解石半充填	
HH8	2043.50	高角度	—	未充填	3
	2048.40	高角度	—	充填沥青和方解石	
	2068.95	高角度	—	裂缝面上含油,方解石充填	
HH11	1961.23~1961.63	直立	40	未充填	3
	1961.05	高角度	—	裂缝面上油浸,方解石充填	
	1970.34	高角度	—	方解石充填	
HH12	2092.28	水平	—	未充填	3
	2117.92	高角度	—	方解石充填	
	2109.10	高角度	—	未充填	
HH13	2051.40~2051.50	直立	10	方解石充填	15
	2044.20~2044.30	60°	10	未充填	
	2044.05~2044.10	60°	5	未充填	
	2035.92~2036.32	60°	40	未充填	
	2017.06~2017.16	直立	10	方解石充填	
	1998.59~1998.89	直立	30	方解石充填	
	1997.49~1997.59	直立	10	未充填,周围为泥岩	
	1996.59~1996.69	直立	10	未充填	
	2220.14	高角度	—	方解石充填	
	2015.49	高角度	—	方解石充填	
	2024.24	高角度	—	方解石充填	
	2043.20	高角度	—	方解石充填	
	2042.8	高角度	—	方解石充填	
	2043.5	高角度	—	方解石充填	
	2049.71	X 型共轭裂缝	—	方解石充填	
HH14	1976.26	高角度	—	有油气充填	3
	1988.50	高角度	—	未充填	
	1995.84	高角度	—	方解石充填	

井号	裂缝特征				总条数
	井深/m	角度	长度/cm	充填情况	
HH16	2092. 77	直立	—	方解石充填	5
	2105. 95	高角度	15	方解石充填	
	2106. 10	高角度	—	未充填	
	2085. 75	高角度	—	充填油气	
	2085. 92	高角度	—	充填油气	
J25	2275. 20 ~ 2276. 20	直立	100	未充填	14
	2274. 29 ~ 2274. 39	直立	10	未充填	
	2272. 25 ~ 2272. 55	80°	30	方解石充填	
	2270. 35 ~ 2270. 95	89°	60	充填方解石和沥青	
	2264. 25 ~ 2264. 65	80°	40	未充填	
	2263. 55 ~ 2264. 15	80°	60	充填沥青	
	2263. 06 ~ 2263. 46	直立	40	方解石充填	
	2262. 22 ~ 2262. 32	直立	10	未充填	
	2260. 65 ~ 2260. 97	直立	32	未充填, 周围为泥岩	
	2259. 69 ~ 2260. 22	直立	53	未充填, 周围为泥岩	
	2259. 19 ~ 2259. 69	60°	50	方解石充填	
	2257. 64 ~ 2257. 89	直立	25	未充填	
	2255. 57 ~ 2256. 05	直立	48	未充填, 周围为泥岩	
	2253. 08 ~ 2253. 33	直立	15	充填方解石和沥青	
HH26	2134. 5 ~ 2134. 7	直立	20	方解石充填	14
	2130. 28 ~ 2130. 58	直立	30	方解石充填	
	2129. 88 ~ 2130. 28	直立	40	方解石充填	
	2126. 94 ~ 2127. 19	直立	25	方解石充填	
	2126. 59 ~ 2126. 24	直立	15	方解石充填	
	2109. 05 ~ 2109. 30	直立	25	方解石充填	
	2108. 05 ~ 2108. 25	80°	20	方解石充填	
	2107. 51 ~ 2107. 81	直立	30	方解石充填	
	2106. 06 ~ 2106. 11	直立	5	方解石充填	
	1890. 33 ~ 1890. 53	80°	20	未充填, 周围为泥岩	
	1888. 28 ~ 1888. 38	80°	10	未充填	
	1885. 60 ~ 1886. 70	80°	110	未充填	
	1883. 24 ~ 1883. 74	80°	50	方解石充填	
	1881. 09 ~ 1881. 39	80°	30	方解石充填	

续表

井号	裂缝特征				总条数
	井深/m	角度	长度/cm	充填情况	
HH105	2269.38～2269.48	直立	10	未充填	8
	2267.90～2268.20	直立	30	未充填	
	2263.42～2265.04	直立	162	未充填	
	2262.43～2262.63	直立	20	未充填	
	2262.02～2262.22	直立	20	未充填	
	2251.42～2251.52	直立	10	未充填	
	2250.29～2250.39	60°	10	未充填	
	2205.26～2205.36	直立	10	方解石充填	

注：—代表裂缝长度小于 2 cm。

表 5-10　鄂尔多斯盆地镇泾地区长 9 油层组储层部分井位裂缝发育统计表

井位	裂缝特征					总条数
	井深/m	岩性	角度	长度/cm	充填情况	
HH42	1783.34	细砂岩	垂直	—	方解石充填	8
	1791.44～1792.06	细砂岩	垂直	—	未充填	
	1792.63～1793.55	细砂岩	高角度	92	方解石充填	
	1795.48～1795.65	细砂岩	网状缝	—	方解石充填	
	1795.65～1795.78	细砂岩	垂直	—	方解石充填	
	1795.78～1796.12	细砂岩	高角度	—	未充填	
	1802.18～1802.32	粉砂岩	高角度	—	方解石充填	
	1802.64～1803.42	泥岩	高角度	—	方解石充填	
HH68	1760.02～1760.53	泥质粉砂岩	垂直	5	未充填	5
	1761.00～1761.50	细砂岩	垂直	28	方解石半充填	
	1761.50～1761.69	细砂岩	垂直	25	方解石半充填	
	1762.23～1762.58	细砂岩	垂直	68	未充填	
	1764.17～1765.42	细砂岩	垂直	34	方解石半充填	
HH53	1994.93～1995.07	细砂岩	垂直	14	方解石半充填	1
HH52-1	1895.07～1896.08	细砂岩	垂直	15	未充填	2
	1900.54～1900.85	细砂岩	垂直	31	方解石半充填	
HH67	1681.29～1681.32	细砂岩	高角度	12	方解石充填	2
	1681.32～1681.41	细砂岩	低角°	—	未充填	
HH32	1829.08～1830.01	细砂岩	低角°	—	方解石半充填	4
	1864.39～1864.45	细砂岩	高角度	—	未充填	
	1886.62～1886.72	细砂岩	垂直	—	泥质半充填	
	1892.84～1893.29	泥质粉砂岩	高角度	—	方解石充填	

井位	裂缝特征					
	井深/m	岩性	角度	长度/cm	充填情况	总条数
HH11	1774.87 ~ 1775.20	细砂岩	高角度	33	未充填	4
	2058.1 ~ 2058.91	泥岩	垂直	—	方解石半充填	
	2058.1 ~ 2058.91	泥岩	高角度	81	未充填	
	2100.93 ~ 2101.2	粉砂岩	高角度	—	方解石充填	
HH41	2109.44 ~ 2109.50	粉砂岩	垂直	9	方解石充填	15
	2109.50 ~ 2109.59	粉砂岩	高角度	7	未充填	
	2109.59 ~ 2109.67	粉砂岩	高角度	9	方解石半充填	
	2109.78 ~ 2109.84	粉砂岩	高角度	6	未充填	
	2111.35 ~ 2111.42	粉砂岩	高角度	18	方解石充填	
	2111.42 ~ 2111.51	粉砂岩	高角度	9	方解石充填	
	2112.13 ~ 2113.51	泥岩	高角度	22	方解石充填	
	2113.87 ~ 2114.38	粉砂岩	高角度	6	方解石充填	
	2114.38 ~ 2115.11	泥岩	高角度	18	方解石充填	
	2115.11 ~ 2115.25	粉砂岩	高角度	17	方解石充填	
	2115.25 ~ 2115.37	粉砂岩	高角度	18	方解石充填	
	2115.63 ~ 2115.74	粉砂岩	高角度	11	方解石充填	
	2115.74 ~ 2115.85	泥岩	高角度	11	未充填	
	2115.85 ~ 2116.22	泥质粉砂岩	高角度	15	方解石充填	
	2116.22 ~ 2116.62	泥岩	高角度	30	方解石充填	
HH83	1940.81 ~ 1941.84	细砂岩	高角度	63	未充填	1
HH26	2065.17 ~ 2067.95	泥质粉砂岩	垂直	27	未充填	5
	2067.95 ~ 2069.72	细砂岩	劈理	—	方解石半充填	
	2107.87 ~ 2108.09	细砂岩	高角度	12	方解石充填	
	2112.14 ~ 2114.2	泥岩	垂直	—	方解石充填	
	2134.30 ~ 2134.58	细砂岩	垂直	28	方解石充填	
HH55	2111.92 ~ 2112.16	细砂岩	垂直	6	方解石充填	1

注：—代表裂缝长度小于2 cm。

图5-15　鄂尔多斯盆地镇泾地区长9油层组岩心裂缝照片

a. 裂缝较平直，HH26井，2068.82 m；b. 共轭剪切缝、阶步擦痕，HH42井，1784.58 m

根据其被充填的程度，可以将研究区裂缝分为以下三类：①未充填裂缝，指裂缝未被任何物质所充填（图 5-16a）；②半充填裂缝，指裂缝部分被充填，充填物主要为方解石、油气等（图 5-16b、c、d）；③全充填裂缝，指裂缝几乎全部被充填，充填物主要为方解石。

图 5-16　鄂尔多斯盆地镇泾地区储层岩心裂缝照片（照片右侧为地层的上部）
a. 无充填的 60°裂缝，HH105 井，2160.6 m，长 6；b. 被油充填的垂直裂缝，HH26 井，1892.84 m，长 6；
c. 被油充填高角度斜交裂缝，ZJ25 井，2270.95 m，长 8；d. 被油充填高角度斜交裂缝，ZJ25 井，2270.95 m，长 8

对研究区长 9 油层组 11 口取心井裂缝发育情况（表 5-10）进行了详细统计，表明裂缝在泥岩、泥质粉砂岩、粉砂岩、细砂岩中均有发育，其中泥岩中发育 8 条裂缝，包括垂直裂缝 2 条，斜交裂缝 6 条；粉砂岩中发育 1 条垂直裂缝和 11 条斜交裂缝；泥质粉砂岩中发育 2 条垂直裂缝和 2 条斜交裂缝；细砂岩中发育 13 条垂直裂缝和 11 条斜交裂缝。由此看到，岩心上识别出的裂缝主要分布在细砂岩中，占 50%，其次分布在粉砂岩、泥岩和泥质粉砂岩中。从各类岩性中斜交裂缝与垂直裂缝出现的比例可以看出，粉砂岩和泥岩中斜交裂缝与垂直裂缝的比例最高，分别为 11∶1 和 3∶1，泥质粉砂岩中的斜交裂缝与垂直裂缝出现的比例各占 50%，细砂岩中的垂直裂缝比例较高，为 54.2% 左右，这说明两点：①裂缝在粒度较细的岩性中较发育，在粒度较粗的岩性中不太发育；②斜交裂缝在粒度较细的岩性中更为发育，而垂直裂缝多发育在粒度较粗岩性中。

研究区以垂直裂缝和高角度斜交裂缝为主，低角度斜交裂缝为次，见少量网状缝和劈理，未见水平裂缝。垂直裂缝和高角度斜交裂缝中又以高角度斜交裂缝更为发育，其中高角度斜交裂缝 26 条，占 54.2%；垂直裂缝 18 条，占 37.5%（表 5-10，图 5-17a）。

岩心观察裂缝长度主要在 10~20 cm 范围，占 39.3%，其次是 20~30 cm、30~40 cm 范围，各占 22.2% 和 24.6%（表 5-10，图 5-17b），其他长度较少。关于裂缝长度的统计限制在井筒内，统计结果只能说明井筒内的情况，因此，对裂缝切穿深度的统计仅供参考。

岩心裂缝宽度分布较为分散，集中在 0.1~0.5 mm、0.5~1 mm 和 >1 mm 范围，分别占 35.5%、28.6% 和 25.2%（表 5-10，图 5-17c）；宽度 <0.5 mm 的裂缝分布在泥岩和泥质岩中，裂缝宽度 >1 mm 的裂缝分布在砂岩中，反映出泥质岩类中裂缝张开度低，砂岩类中裂缝张开度高的特点。

根据岩心裂缝充填情况统计，全充填缝占总裂缝条数的 50%，充填物主要为方解石；半充填缝占 20.8%，充填物主要为方解石、油气等；未充填缝占 29.2%，半充填和充填裂缝占 70% 以上（表 5-10，图 5-17d），裂缝充填程度较高，储层有效性偏差。

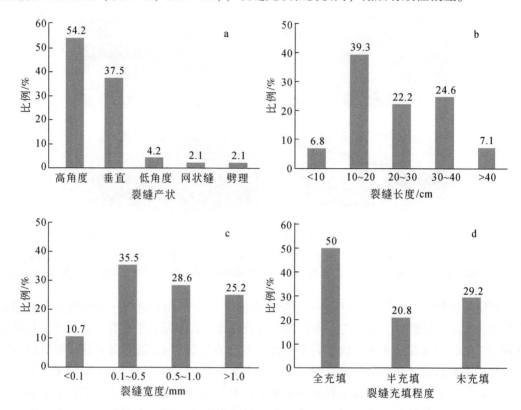

图 5-17　鄂尔多斯盆地镇泾地区长 9 油层组岩心裂缝数据统计

a. 裂缝产状分布直方图；b. 裂缝长度分布直方图；c. 裂缝宽度分布直方图；d. 裂缝充填程度分布直方图

2）裂缝的平面发育特征

长 6 的裂缝以张性裂缝为主，多为高角度裂缝和垂直裂缝。根据研究区储层岩心描述及试油结果，长 6 油层组裂缝平面可分为 A、B 和 C 三个裂缝发育区（图 5-18）：①A 区为沿 HH16 井、HH26 井至 HH105 井连线发育，位于长 6 主砂体上，是镇泾地区主要的长 6 油层组裂缝发育带，裂缝较为集中发育，其发育的裂缝多为 80° 高角度或直立的裂缝，未充填、充填方解石和充填沥青裂缝（表 5-8），以砂岩裂缝居多，还有部分泥岩裂缝，因此，A 区储层的渗透率相对较大，含油气性好；②B 区为 HH11 井发育一条直立裂缝，未充填，是非主要裂缝发育区；③C 区为 HH21 井发育六条裂缝，主要为直立裂缝，未充填，个别被方解石充填，是非主要裂缝发育区。

长 8 的裂缝以张性裂缝为主，大多为油、沥青和方解石半充填，多为斜交裂缝和垂直裂缝。其中又以斜交裂缝中的高角度斜交裂缝最为发育，占本研究区裂缝的 90%，垂直裂缝在研究区较为常见，占 10%。根据研究区储层岩心描述及试油结果，长 8 油层组裂缝平

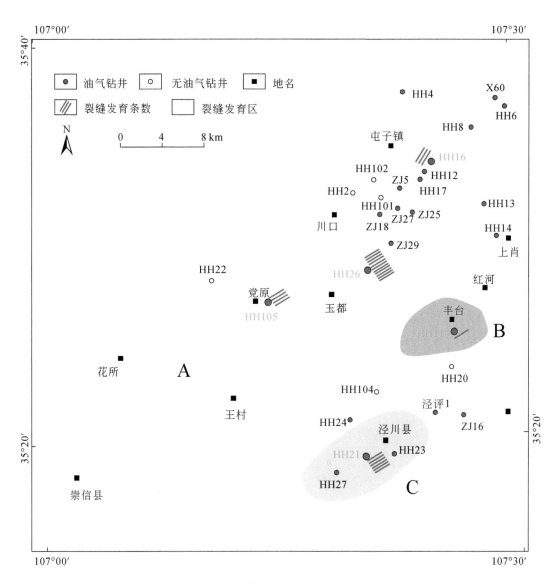

图 5-18   鄂尔多斯盆地镇泾地区长 6 油层组裂缝平面分布图

面可分为 A、B 和 C 三个裂缝发育区（图 5-19）。A 区沿 HH6 井至 HH105 井连线发育，位于长 8 主砂体上，是镇泾地区主要的裂缝发育带。裂缝集中发育，其发育的裂缝多为高角度的含油裂缝和充填方解石裂缝，以砂岩裂缝居多，还有部分泥岩裂缝，因此，A 区储层的渗透率相对较大。前人研究邻区西峰油田西 156 井裂缝特别发育，在其所有的取心段均发现了大量裂缝，在长 8 层的取心段内共发育 6 条有效裂缝；西 113 井发育 4 条垂直裂缝，均为泥质半充填的含油裂缝；西 74 井裂缝密度 0.04 条/m，产油量为 13.01 t/d；西 112 井裂缝密度为 0.22 条/m，均为泥质半充填的含油裂缝，产油量为 4 t/d。对比发现，A 区应该和西峰油田属同一裂缝发育带，该带裂缝的共同特点是裂缝密度大，含油气性好。B 区内 HH14 井发育三条高角度裂缝，仅在长 8$^1_1$ 见到一条含油裂缝，其余两条位于在

长 8_1^2，裂缝被方解石充填，非主要裂缝发育区。C 区内 HH11 井发育三条高角度裂缝，在长 8_1^1 见到两条裂缝，其中一条为含油裂缝，含油级别为油浸，长 8_1^2 有一条高角度裂缝，被方解石充填。非主要裂缝发育区。

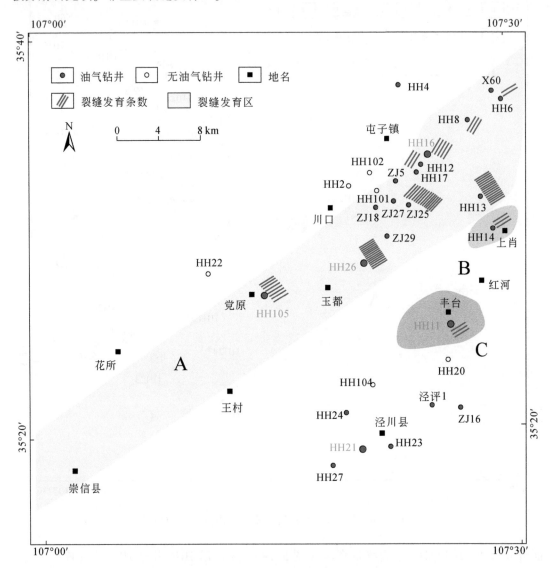

图 5-19　鄂尔多斯盆地镇泾地区长 8 油层组裂缝平面分布图

　　根据研究区储层岩心描述及试油试采结果，长 9 油层组裂缝平面也可分为三个裂缝发育区（图 5-20）。A 区为沿 HH32 井至 HH42 井连线发育，主要位于 HH42 井区，是研究区主要的裂缝发育带。裂缝集中发育，其发育的裂缝多为高角度的含油裂缝和方解石充填裂缝，以砂岩裂缝居多，部分为泥岩裂缝，因此 A 区储层的渗透率相对较大。A 区裂缝的特点是裂缝密度大，含油气性好。HH42 井日产液 16.52 t，其中产油 12.92 t/d，含水为 21.79%，试油累积产油量为 92.1 t，累积产水量为 45.5 t；HH52 井日产液 18 t，其中产油 17.60 t/d，含水仅为 2.22%，试油累积产油量为 116.76 t，累积产水量为 78.18 t；HH42-5 井日产液 5.46 t，其中产油 3.51 t/d，含水为 35.71%，试油累积产油量为 0.697 t。B 区主要集中分布在 HH26 井至 HH41 井一带，其中 HH26 井发育 5 条裂缝，HH41 井发育有 15 条裂缝，该区裂缝大多为高角度裂缝，主要发育于粉砂岩、泥岩或泥质粉砂岩等细粒沉积物中，且大部分被方解石充填，含油性较差。C 区主要分布于 HH55 井至 HH11 井一带，HH55 井仅发育有一条被方解石完全充填的高角度裂缝，HH11 井的裂缝也主要存在于泥岩中，该区裂缝含油性差，裂缝也较不发育。但 HH55 井日产液 12.44 t，其中产油 9.89 t/d，含水 20.50%，试油累积产油量为 3.9 t，这种结果可能是由沉积作用和成岩作用共同造成的。

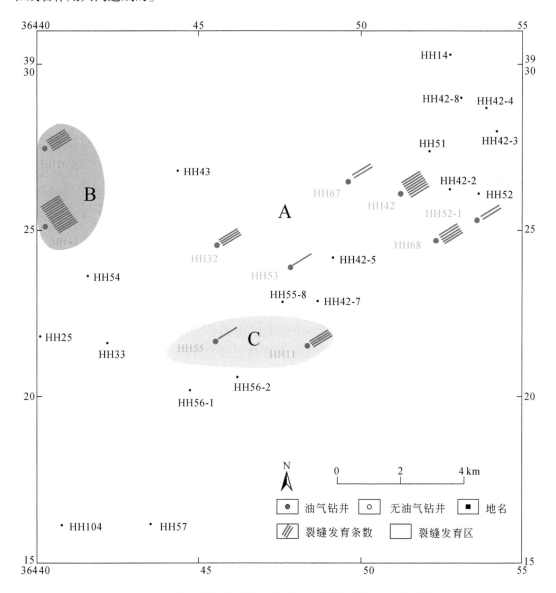

图 5-20　鄂尔多斯盆地镇泾地区长 9 油层组裂缝平面分布图

3) 区域地应力场分布

研究区区域地应力场分布的研究主要是参考前人对邻区及鄂尔多斯盆地应力场分布的研究资料。

大量鄂尔多斯盆地应力场研究成果（曾秋生，1989；张吉森等，1995；张泓，1996）表明，喜马拉雅运动期最大主应力方向为北北东向；用岩石声发射法获得盆地某区最大水平主应力值为 8.82 ~ 16.31 MPa（均值 13.78 MPa），最小水平主应力值为 2.97 ~ 8.69 MPa，均值 6.56 MPa。在这样的低值构造应力作用下，盆地内部形成大规模破裂（断层、大的构造裂缝）的可能性极小，大量地震勘探资料印证了这一点。

曾联波和郑聪斌（1999）研究认为，鄂尔多斯盆地区域裂缝主要在燕山期和喜马拉雅期古构造应力场作用下形成，但由于北东东向应力场的影响，造成了储层中裂缝渗透性的各向异性，使北东向和东西向裂缝的渗透性比南北向和北西向裂缝的渗透性好。

研究发现，研究区及其邻区各油田主力层水平最大主应力方向为北东 62°~78°，储层天然微裂缝方位和人工缝方位与水平最大主应力方位基本一致（高月红等，2011；张昊等，2012；赵向原等，2020；罗衍灵，2020）。

4) 裂缝的成因

镇泾地区裂缝形成的应力场方向分别与该区燕山期和喜马拉雅期的构造应力场分布一致，说明燕山期和喜马拉雅期是该区裂缝的主要形成时期，两期构造应力场是裂缝形成的主要原因。

燕山期，由于太平洋板块与欧亚板块之间发生较强烈左旋剪切，鄂尔多斯盆地形成北西—南东向挤压和北东—南西向拉张，这种应力机制使盆地内部形成北西—南东向的张性裂缝和近东西向的剪切裂缝两组裂缝。

喜马拉雅期，由于印度板块的向北推移，盆地区域应力场发生改变，盆地受到来自西南方向的挤压应力，作用于盆地的应力变为右旋剪切，形成北西—南东向拉张和北东—南西向挤压，该应力条件形成北东—南西向的张性裂缝和近南北向的两组剪切缝，也导致了原来形成的裂缝发生变化，即北西—南东向的张性裂缝变为压性剪切缝，而近东西向的剪切缝向相反的方向滑动。

综上所述，尽管鄂尔多斯盆地属于稳定型盆地，内部褶皱、断层等构造现象并不发育，但位于盆地南缘的镇泾地区也必然受周边应力影响，影响范围可遍布全盆，这种影响是裂缝发育程度存在走向上差异的主要原因。该地区发育的裂缝部分为油所充填，所以推测其与成藏期的构造运动有关，而燕山期构造运动与油气生成高峰期匹配，因此，推测镇泾地区发育的裂缝为燕山期构造运动的产物。

5.2　储层的物性特征

储层物性特征研究是油藏描述工作中储层研究的重要内容之一。通常用孔隙度、渗透率等参数来表征储层物性。定量研究储层物性参数，研究其在平面及垂向上的变化规律，对于研究储层的沉积相、储层非均质性及储量计算、储层综合评价等有着重要意义，也是剩余油分布及油水运动规律研究的基础。储层物性参数研究要以地球物理测井资料、取心井岩心分析资料为基础，计算各井各个层位的孔渗参数，制作各层孔隙度、渗透率平面展布图、孔渗直方图，讨论孔渗的特征。下面分别就长 6、长 8 和长 9 油层组的储层物性特征做一一阐述。

5.2.1 长 6 油层组储层物性

1. 孔隙度和渗透率特征

对镇泾地区 ZJl11、ZJ18、ZJ19、HH2、HH6 等 16 口井 434 块岩心的孔隙度、渗透率测试（表 5-11）结果表明，镇泾地区长 6 油层组砂岩储层非均质性较强，孔隙度在 0.6%~22.94% 之间，平均 9.24%，77% 以上的样品孔隙度值在 6%~16% 之间（图 5-21a）。长 6 储层的渗透率一般分布在 $0.1×10^{-3}$~$1.1×10^{-3}$ μm^2 之间，平均为 $1.27×10^{-3}$ μm^2，80% 以上的样品渗透率集中在 $0.1×10^{-3}$~$1.0×10^{-3}$ μm^2 之间（图 5-21b），最低为 $0.0008×10^{-3}$ μm^2。根据中华人民共和国石油天然气行业标准《油气储层评价方法》（SY/T 6285—2011）的孔隙度和渗透率分类标准（表 5-12），镇泾地区长 6 油层组孔隙度主要表现为特低孔和低孔，少部分超低孔和中孔，渗透率为超低渗和低渗，储层类型以特低孔超低渗储层为主。

表 5-11 鄂尔多斯盆地镇泾地区长 6 油层组储层物性统计表

井名	井深范围/m	样品个数	孔隙度/%	渗透率/$10^{-3}\mu m^2$
ZJ11	2111.33~2175.82	45	7.2~14.6/11.8	0.05~2.29/0.7
ZJ18	2068.12~2098.02	32	7.6~15.7/13.0	0.35~24.2/2.56
ZJ19	2072.905~2149.75	13	2.7~15.5/10.3	0.02~1.44/0.44
HH2	1946.41~1947.07	7	6.2~7.7/7.3	0.14~1.44/0.25
HH 6	1511.7~1559.16	13	9.8~14.8/11.4	1.56~3.14/1.67
HH 8	2042.32~2047.81	19	3.3~9.5/0.8	0.01~0.25/0.09
HH 12	2040.51~2.48.79	17	6.5~16.1/12.3	0.67~1.79/0.72
HH 15	1772.16~2057.21	34	0.6~18.2/11.3	0.02~14.30/2.24
HH 16	2059.01~2078.61	16	1.7~12.2/7.5	1.03~35.7/2.39
HH 19	1679.65~1679.65	10	0.7~10.9/6.4	0.11~0.31/0.16
HH 21	1664.37~16775.53	46	3.4~11.8/9.3	0.05~0.28/0.10
HH 23	1850.03~1851.90	22	5.4~11.5/11.5	0.08~4.62/0.74
HH 24	1685.15~1702.83	27	0.8~10.7/7.5	0.06~0.10/0.10
HH 26	1880.21~1971.52	90	1.1~22.9/9.3	0.01~1.86/0.21
HH 102	2051.73~2048.79	21	6.4~11.2/9.8	0.07~0.37/0.21
HH 103	1864.76~1861.31	15	5.9~15.4/12.3	0.02~8.89/8.89

注：7.2~14.6/11.8 表示最小值~最大值/平均值。

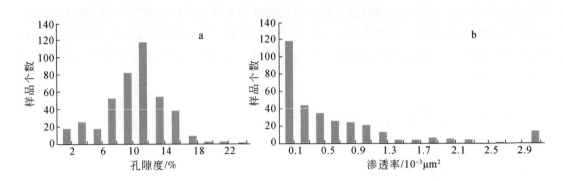

图 5-21 鄂尔多斯盆地镇泾地区长 6 油层组储层孔渗性分布直方图

表 5-12 碎屑岩储层孔隙度和渗透率分类标准

孔隙度 ϕ/%	$\phi \geqslant 30$	$25 \leqslant \phi < 30$	$15 \leqslant \phi < 25$	$10 \leqslant \phi < 15$	$5 \leqslant \phi < 10$	$\phi < 5$
分类标准	特高孔	高孔	中孔	低孔	特低孔	超低孔
渗透率 K /10^{-3} μm^2	$K \geqslant 2000$	$500 \leqslant K < 2000$	$50 \leqslant K < 500$	$10 \leqslant K < 50$	$1 \leqslant K < 10$	$0.1 \leqslant K < 1$
分类标准	特高渗	高渗	中渗	低渗	特低渗	超低渗

2. 孔隙度和渗透率的垂向分布特征

研究区长 6 油层组孔隙度和渗透率垂向上存在三个变化旋回（图 5-22）：①1500 ~ 1750 m 井段，孔隙度由 1560 m 左右的 14.1% 下降为 1750 m 左右的 5.25%，渗透率由 1560 m 左右的 0.79×10^{-3} μm^2 下降为 1750 m 左右的 0.23×10^{-3} μm^2；②1750 ~ 1900 m 井段，孔隙度由 1750 m 左右的 5.25% 上升到 1900 m 左右的 14.52%，渗透率由 1750 m 左右的 0.23×10^{-3} μm^2 上升为 1900 m 左右的 0.85×10^{-3} μm^2；③1900 ~ 2100 m 井段，孔隙度由 1900 m 左右的 14.52% 下降为 2100 m 左右的 6.53%，渗透率由 1900 m 左右的 0.85×10^{-3} μm^2 下降为 2100 m 左右的 0.24×10^{-3} μm^2。孔隙度、渗透率在 1900 m 左右达到最大值，分别为 17.9% 和 0.97×10^{-3} μm^2。可见，孔隙度和渗透率在垂向上，在 1850 ~ 1950 m 处发育异常高值。

3. 孔隙度和渗透率关系

未经改造的原始砂质沉积物，以原生粒间孔为主，渗透率与孔隙度相关性明显。沉积物进入成岩作用阶段后由于压实作用和胶结作用的改造，使得沉积岩孔隙变小，喉道变窄，孔隙度减小；或由于溶蚀作用的改造，使得岩石的孔隙度变大，喉道变宽，孔隙度增加。成岩作用受控于多种外界因素，即便在同一区域内，成岩作用类型也不是均匀的。因此，成岩作用的改造使得渗透率和孔隙度的关系变得复杂。长 6 油层组砂岩中的孔隙度和渗透率呈线性关系，渗透率值随着孔隙度的增加而增加，但相关性较差（图 5-23），相关系数为 0.06，这说明镇泾地区长 6 油层组储层在成岩作用期间受到了一定程度的改造，且这种改造是不均匀的，具有较强的非均质性。后期的压实和胶结作用使得岩石孔隙结构均

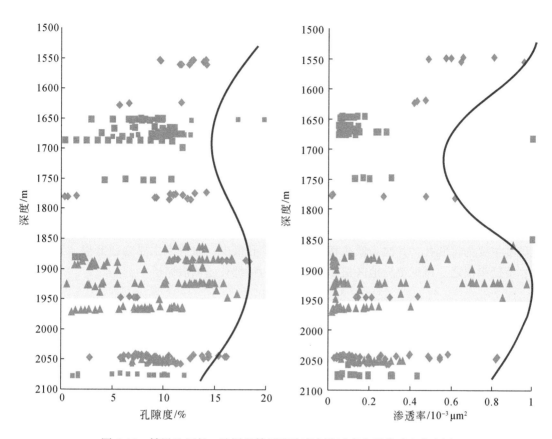

图 5-22　镇泾地区长 6 油层组储层孔隙度和渗透率实测值垂向分布图

值性变差，为小孔细喉，孔隙连通性变差。但在个别层段由于溶解作用和微裂缝比较发育，孔隙度和渗透率的相关性变好，储集岩的孔隙连通性变好。

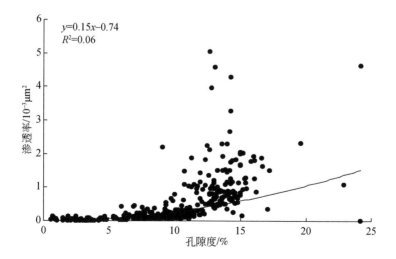

图 5-23　鄂尔多斯盆地镇泾地区长 6 油层组储层孔隙度与渗透率关系图

5.2.2　长8油层组储层物性

1. 孔隙度和渗透率特征

对研究区 HH4、6、8 等 27 口井，1014 块岩心的孔隙度、渗透率测试结果表明，镇泾地区长 8 油层组砂岩储层非均质性强，孔隙度在 0.3% ~ 17.2% 之间，平均 6.80%（表 5-13），分布区间主要在 4% ~ 12% 之间，占 72%（图 5-24a）。渗透率最低为 0.009×10^{-3} μm^2，最大值为 2.937×10^{-3} μm^2，平均 0.219×10^{-3} μm^2（表 5-13），分布区间主要在 0 ~ 0.5×10^{-3} μm^2 之间，占 91.21%（图 5-24b）。根据中华人民共和国石油天然气行业标准（SY/T 6285—2011）的孔隙度和渗透率的分类标准（表 5-12），镇泾地区长 8 油层组储层孔隙度主要为特低孔，其次为低孔和超低孔，中孔最少；渗透率主要为超低渗，其次为非渗，特低渗次之。可见镇泾地区长 8 储层主要为特低孔超低渗储层。

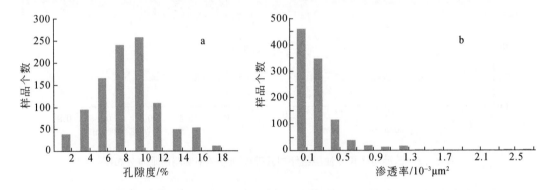

图 5-24　鄂尔多斯盆地镇泾地区长 8 油层组储层孔渗性分布直方图

表 5-13　鄂尔多斯盆地镇泾地区长 8 油层组储层物性统计表

井号	井深范围/m	样品个数	孔隙度/%	渗透率/10^{-3} μm^2
HH4	1930 ~ 1932	4	2.4 ~ 3.8/2.95	0.055 ~ 2.4/0.659
HH6	1771 ~ 1778	12	5.1 ~ 9/6.35	1.05 ~ 1.151/1.102
HH8	2042 ~ 2063	56	3.3 ~ 9.5/6.73	0.011 ~ 0.564/0.131
HH11	1960 ~ 1975	14	0.3 ~ 3.8/2.44	0.012 ~ 0.058/0.022
HH12	2089 ~ 2105	56	2.4 ~ 17.2/13.23	0.025 ~ 1.43/0.483
HH13	1994 ~ 2046	52	0.4 ~ 10.7/5.55	0.008 ~ 0.139/0.034
HH15	2106 ~ 2110	4	3.8 ~ 9.3/7.33	0.03 ~ 0.277/0.161
HH16	2089 ~ 2120	75	1.2 ~ 15.8/9.21	0.023 ~ 0.377/0.131
HH17	2085 ~ 2107	67	1.2 ~ 15.6/8.4	0.018 ~ 0.527/0.121
HH18	2096 ~ 2106	50	3.2 ~ 10.1/7.65	0.00 ~ 0.722/0.240
HH21	1781 ~ 1796	33	0.6 ~ 11.56/8.11	0.015 ~ 0.278/0.108

续表

井号	井深范围/m	样品个数	孔隙度/%	渗透率/10^{-3}μm^2
HH23	1948～2014	21	0.9～15.9/12.16	0.059～0.774/0.194
HH24	1796～1824	49	1.2～10.2/6.92	0.057～0.644/0.229
HH26	2125～2127	8	7.3～8.1/7.56	0.056～0.092/0.07
HH37	1996～2011	18	2.68～14.52/10.03	0.049～0.477/0.233
HH101	2121～2132	62	2.2～12.02/8.84	0.019～0.452/0.164
HH102	2095～2100	11	0.9～9.7/6.05	0.026～0.675/0.241
HH105	2244～2298	47	2.22～14.82/10.02	0.029～0.486/0.207
ZJ9	2265～2273	33	3.3～11.4/9.27	0.048～1.24/0.502
ZJ17	2254～2267	38	3.2～10.6/8.58	0.088～0.916/0.421
ZJ19	2282～2301	17	4.2～9.3/7.9	0.018～0.236/0.101
ZJ21	2133～2162	18	3.9～12.6/7.72	0.00～4.284/0.420
ZJ22	1811～1836	25	2.95～11.15/7.07	0.028～2.45/0.202
ZJ23	2247～2274	59	0.36～8.68/5.92	0.02～2.937/0.206
ZJ24	2290～2309	58	1.29～13.08/6.49	0.024～2.578/0.216
ZJ26	2049～2077	71	2.3～12.7/6.70	0.00～1.36/0.16
ZJ27	2180～2203	56	1.2～10.1/5.13	0.00～1.21/0.106
综合特征		1014	0.3～17.2/6.80	0.00～2.937/0.219

注：2.4～3.8/2.95 表示最小值～最大值/平均值。

2. 孔隙度和渗透率的垂向分布特征

研究区长 8 油层组孔隙度和渗透率垂向上存在 4 个变化旋回（图 5-25）：①1700～2000 m，孔隙度由 1800 m 左右的 11.48% 下降为 1975 m 左右的 4.5%，渗透率由 1800 m 左右的 1.144×10^{-3}μm^2 下降为 1975 m 左右的 0.016×10^{-3}μm^2；②2000～2050 m，孔隙度由 2000 m 左右的 16% 下降为 2050 m 左右的 11%，渗透率由 2000 m 左右的 0.744×10^{-3}μm^2 下降为 2050 m 左右的 0.25×10^{-3}μm^2；③2050～2250 m，孔隙度由 2100 m 左右的 17% 下降为 2200 m 左右的 10%，渗透率由 2100 m 左右的 1.43×10^{-3}μm^2 下降为 2200 m 左右的 0.394×10^{-3}μm^2；④2250～2350 m，孔隙度在 2280 m 左右达到最大值 15%，渗透率在 2280 m 左右达到最大值 2.937×10^{-3}μm^2。可见，孔隙度和渗透率在垂向上存在 4 个异常高值发育带，它们分别为 DZ1、DZ2、DZ3 和 DZ4 带。

3. 孔隙度和渗透率的关系

镇泾地区长 8 砂岩储层孔隙度和渗透率呈线性关系（图 5-26），渗透率值随着孔隙度的增加而增加，但相关性不是很好，相关系数为 0.2248，这与前面的压汞曲线分析结果类似，镇泾地区长 8 油层组储层在后期压实和胶结作用的影响下，岩石孔隙结构均值性变差，为小孔细喉，孔隙连通性变差。只有在个别层段溶解作用和微裂缝发育时，孔隙度和

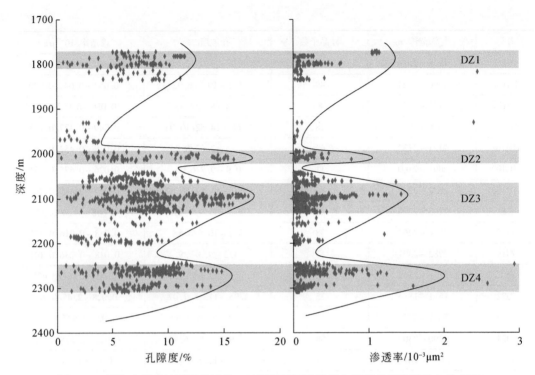

图 5-25　鄂尔多斯盆地镇泾地区长 8 油层组储层孔隙度和渗透率实测值垂向分布图

渗透率的相关性明显变好，且岩石的连通性急剧增加。

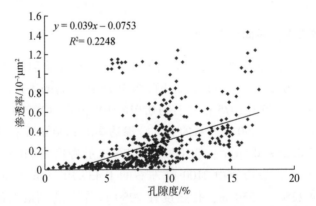

图 5-26　鄂尔多斯盆地镇泾地区长 8 油层组储层孔隙度与渗透率关系图

　　研究区不同井位孔隙度和渗透率的相关程度有一定差异，HH11 井和 HH13 井砂岩的孔隙度和渗透率之间几乎无相关性，渗透率基本低于 $0.10×10^{-3}\ \mu m^2$，为非储层（图 5-27a）；HH12 井砂岩的孔隙度和渗透率值较高，相关性较好，渗透率随孔隙度的增加而快速增大（图 5-27b）；HH18 井的孔隙度小于 9% 时，渗透率值小于 $0.20×10^{-3}\ \mu m^2$，且孔隙度和渗透率的相关性差（图 5-27c），而当孔隙度大于 9% 时，渗透率值急剧增大，孔隙度值变化较小（图 5-27d）；HH6 井的孔隙度值变化范围较宽，而渗透率值几乎无变化，孔隙度和渗透率之间无相关性（图 5-27e）。

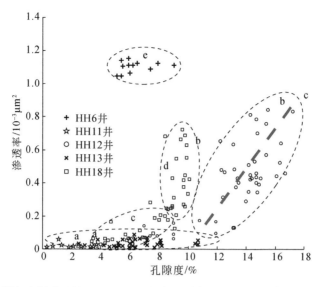

图 5-27　鄂尔多斯盆地镇泾地区长 8 油层组不同井位砂岩孔隙度与渗透率关系图

5.2.3　长 9 油层组储层物性

1. 孔隙度和渗透率特征

长 9 油层组砂岩储层非均质性强，孔隙度最小值为 6.82%，最大值为 17.05%，平均为 13.54%，主要分布在 11%~15% 区间内，渗透率最小值为 $0.11×10^{-3}$ $μm^2$，最大值为 $12.24×10^{-3}$ $μm^2$，平均为 $2.76×10^{-3}$ $μm^2$，主要分布在 $0.5×10^{-3}$~$5.0×10^{-3}$ $μm^2$ 区间。根据中华人民共和国石油天然气行业标准（SY/T 6285—2011）的孔隙度和渗透率的分类标准（表 5-12），镇泾地区长 9 油层组储层孔隙度主要为低孔，少量中孔和特低孔（图 5-28a）；渗透率主要为特低渗（图 5-28b），少量超低渗和低渗，储层类型主要为中低孔特低渗储层和中低孔超低渗储层。

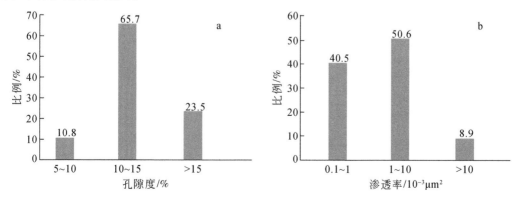

图 5-28　鄂尔多斯盆地镇泾地区长 9 油层组储层孔渗性分布直方图

2. 孔隙度和渗透率的垂向分布特征

研究区长9油层组孔隙度和渗透率垂向上存在4个变化旋回（图5-29）：①1700～1890 m，孔隙度由1750 m左右的16.38%下降为1880 m左右的11.5%，渗透率由1750 m左右的6.24×10⁻³μm²下降为1880 m左右的1.46×10⁻³μm²；②1890～1970 m，孔隙度由1890 m左右的17%下降为1950 m左右的10%，渗透率由1890 m左右的10.3×10⁻³μm²下降为1950 m左右的2.25×10⁻³μm²；③1970～2060 m，孔隙度由2000 m左右的16.95%下降为2070 m左右的9%，渗透率由2000 m左右的12.24×10⁻³μm²下降为2070 m左右的2.24×10⁻³μm²；④2060～2200 m，孔隙度在2120 m左右达到最大值17.05%，渗透率在2130 m左右达到最大值11.12×10⁻³μm²。可见，孔隙度和渗透率在垂向上存在DZ1、DZ2、DZ3和DZ4四个异常高值发育带。

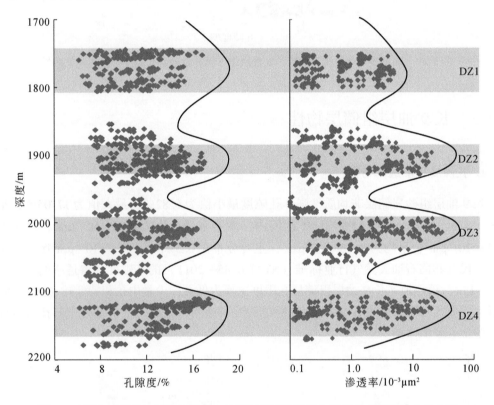

图5-29　鄂尔多斯盆地镇泾地区长9油层组储层孔隙度和渗透率实测值垂向分布图

3. 孔隙度和渗透率的关系

镇泾地区长9油层组孔隙度和渗透率呈半对数关系（图5-30），渗透率值随着孔隙度的增加而增加，相关系数为0.6142，这主要是由于储层在后期压实和胶结作用的影响下，岩石孔隙结构均值性变差，喉道变细，孔隙连通性变差，渗透率降低。在个别层段溶蚀作用发育时，孔隙度和渗透率的相关性明显变好，且岩石的连通性急剧增加。此外存在少量偏差极大的样品，反映了如果有裂缝发育，则储层物性将有较大的变化。

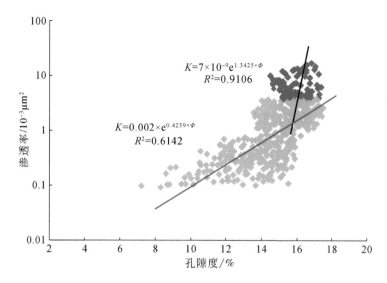

图 5-30　鄂尔多斯盆地镇泾地区长 9 油层组储层孔隙度与渗透率关系图

第6章 储层岩石学与物性关系

一般而言，碎屑岩储层物性主要受沉积、成岩、构造、流体等诸多因素的控制（林春明等，2011；徐深谋等，2011；朱筱敏等，2017），特别是沉积和成岩作用，它们直接控制着储集性能的变化（张妮等，2011，2015；张霞等，2012）。储层的岩性、物性、电性与含油性之间存在着内在联系，其中岩性起主导作用。岩性中岩石颗粒的粗细、分选好坏、粒序纵向变化特征以及泥质含量、胶结类型等直接控制着储层的孔隙度、渗透率等物性特征和含油性的变化。储层的电性则是岩性、物性、含油性的综合反映。我们认为造成镇泾地区长6、长8和长9储层低孔低渗的主要因素有以下几种。

6.1 储层岩性对物性影响

岩石粒度对物性的影响明显，一般来说随着碎屑颗粒粒径的增加，孔隙度和渗透率均有增加的趋势。岩石成分对物性同样存在影响，原始矿物组成和结构是造成研究区长6、长8和长9油层组储层低孔低渗及特低孔超低渗的基本条件。

6.1.1 长6油层组

1. 岩石结构对储层物性的影响

岩石碎屑的粒度、分选性、磨圆度、排列方式及其含量控制着砂体的原始孔渗性。颗粒粒度本身与孔隙度并无必然的关系，但是，颗粒粒径与孔隙大小成正比，这意味着，颗粒粒径越大，渗透率也越大。因为渗透率与孔隙大小的平方成正比。同时，在其他条件相同时，砂岩的分选程度越好，其抗压实作用越强，孔隙度越高。因此，不同的地区由于岩石结构的不同，单井储层物性有很大的差异，非均质性强。但这种非均质性在不同的沉积体系表现程度不同，长6储层砂岩东北沉积体系由于搬运距离远，岩石表现为高的结构成熟度、低矿物成熟度，所以非均质性相比西南沉积体系较均一，西南地区由于搬运距离近，分选差，磨圆度不好，岩石排列方式复杂，决定了其非均质性强，储层纵横向变化明显。

2. 岩石成分对储层物性的影响

根据薄片鉴定结果统计分析得出，研究区长6油层组砂岩孔隙度和渗透率与其中的各种矿物组分存在如下关系，长6油层组砂岩储层的孔隙度和渗透率与长石、岩屑的含量关系复杂，相关性差，但总体来讲，随着长石、岩屑含量的增加，砂岩的孔隙度和渗透率逐渐增加（图6-1），这是由于长6砂岩储层主要为长石岩屑砂岩和岩屑长石砂岩，长石、岩屑含量高，溶蚀孔洞为储集空间的主要类型，但是长石溶解作用对孔渗性也有负面影响，从同生到埋藏成岩作用初期的低温开放或半开放的成岩环境中，在热力学上最不稳定且低温条件下更易溶解的偏基性斜长石已大量溶解，并伴随高岭石的沉淀，由于钾离子的影响，长石溶解会伴随伊利石的沉淀，一般贴附在颗粒表面，减小孔隙的渗流半径；或被流体打碎、迁移至喉道，形成堵塞，降低渗透率。

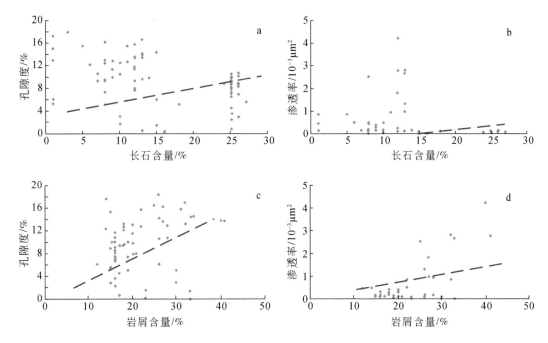

图 6-1　鄂尔多斯盆地镇泾地区长 6 油层组储层物性与长石及岩屑含量关系图

　　镇泾地区长 6 储层砂岩主要为细粒长石岩屑砂岩和岩屑长石砂岩（图6-2），并含有一定量的岩屑质石英砂岩，石英多有加大边存在；岩屑以变质岩岩屑和岩浆岩岩屑为主、沉积岩次之；胶结物中碳酸盐主要是方解石，少量白云石，长 6 储层中黏土矿物以伊蒙混层黏土矿物为主，伊利石和高岭石次之，绿泥石较少。

　　我们对 HH105 井的产油层段岩石类型进行了详细的观察描述（图6-3）。HH105 井位于研究区中部，长 6 储层砂岩沉积微相划分上多属于水下分流河道。从 HH105 单井综合柱状图中可以看出（图6-3），该井长 6 油层组为厚层状油斑–油浸砂岩，总厚度为 72.3 m，薄片鉴定分析表明，含油层段的砂岩岩石类型以长石岩屑砂岩、岩屑长石砂岩为主，部分深度段为岩屑质石英砂岩。长石的溶蚀现象非常普遍，随着溶蚀强度的增加，依次形成粒内溶孔、残余铸模孔。长石的高岭石化十分普遍，绿泥石化和绢云母化可见。岩屑内部不稳定组分被溶蚀形成内溶孔。在纵向剖面上表现出长石、岩屑含量多的深度段孔渗性普遍较好。

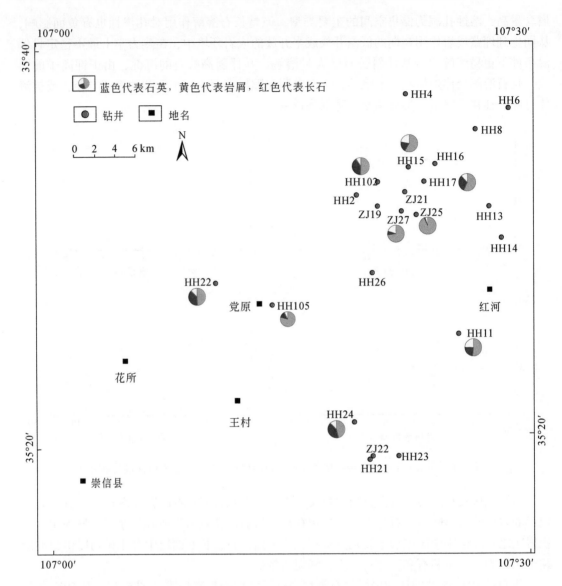

图 6-2　鄂尔多斯盆地镇泾地区长 6 油层组岩石组分平面分布图

6.1.2　长 8 油层组

1. 砂岩粒度对储层物性的影响

根据统计分析，镇泾地区延长组砂岩粒度大小与物性存在明显的正相关关系，粉砂岩中的杂基含量明显高于细砂岩，粒度总体较细，决定了其原始孔渗性较差，整体上来看，中砂岩的孔渗性明显好于细砂岩，细砂岩好于粉砂岩（图 6-4）。

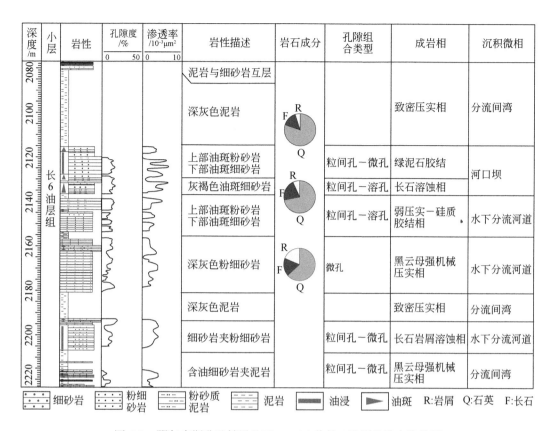

图 6-3 鄂尔多斯盆地镇泾地区 HH105 井长 6 油层组综合柱状图

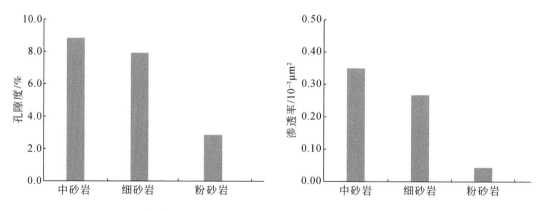

图 6-4 鄂尔多斯盆地镇泾地区长 8 油层组岩石粒度与储层物性关系图

2. 砂岩组分对储层的影响

岩石成分对长 8 油层组物性同样存在影响，原始矿物组成和结构是造成研究区长 8 油层组储层低孔低渗的基本条件，长 8 油层组储层岩石类型主要为长石岩屑砂岩和岩屑长石砂岩，长石砂岩和岩屑砂岩少见，石英、变质石英岩和硅质岩等稳定碎屑组分的含量较低，而"抗压实性"较差的长石、火山岩、变质岩、沉积岩和云母等不稳定软碎屑组分含量较高，成分成熟度普遍较低，结构成熟度中等至好，这一存在形式为后期成岩作用过程中储层的致密化、低渗透化奠定了先决性的物质基础，导致其原始孔隙度较低。

根据薄片鉴定结果统计分析得出，长8油层组砂岩储层孔隙度和渗透率与石英的含量呈线性关系，相关系数分别为 0.3985 和 0.4796，储层孔隙度和渗透率随着石英碎屑颗粒含量的增加而增大（图 6-5a、b），与长石碎屑颗粒含量也如此（图 6-5c、d），石英作为刚性颗粒，具一定支撑岩石骨架、抵抗压实的作用，从而保存了一定量的原生孔隙，且有利于后期次生孔隙的形成；长石主要与次生溶孔密切相关，长8油层组砂岩的溶蚀孔隙主要由长石溶解而成（张霞等，2011a，2011b）。岩屑与储层物性的关系取决于其类型，研究表明，长8油层组砂岩的孔隙度和渗透率随变质岩岩屑含量的增加而增大，而随火成岩和沉积岩岩屑含量的增加而减小（图 6-5e～j），这可能与变质岩岩屑主要为变质石英岩，而火成岩岩屑以中酸性和中基性火山岩为主，沉积岩岩屑主要为泥岩和泥质粉砂岩有关。火山岩、泥岩和泥质粉砂岩岩屑为塑性颗粒，抗压实能力弱，在早期强烈的机械压实作用下易变形挤入孔隙，致使砂岩储层的孔隙度和渗透率明显降低。此外，云母碎屑，其作为一种典型的塑性颗粒对长8油层组砂岩储层物性的影响也较大，孔隙度和渗透率随其含量的增加而减小，当其含量大于20%时，砂岩成为非储层（图 6-6a、b）。

前面对长8油层组岩石成分的分析表明，镇泾地区长8油层组的岩石类型以长石岩屑砂岩和岩屑长石砂岩为主，这两种类型的砂岩几乎占了研究层段岩石类型的98%。我们对 ZJ25 和 HH26 井两口高产油流井的产油层段岩石类型进行了详细的观察描述。

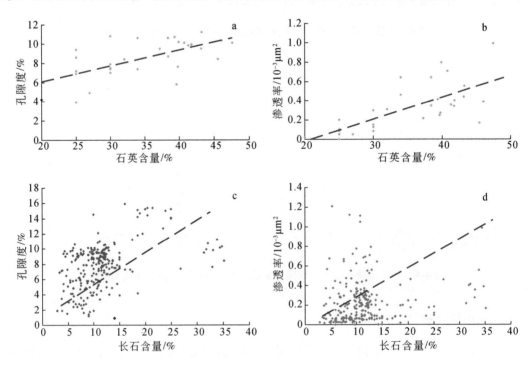

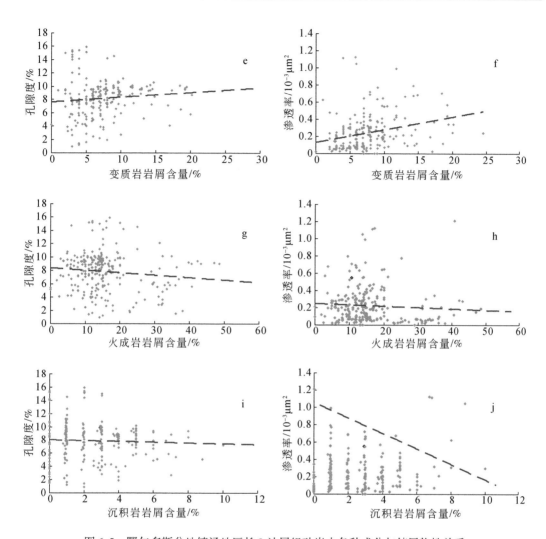

图 6-5　鄂尔多斯盆地镇泾地区长 8 油层组砂岩中各种成分与储层物性关系

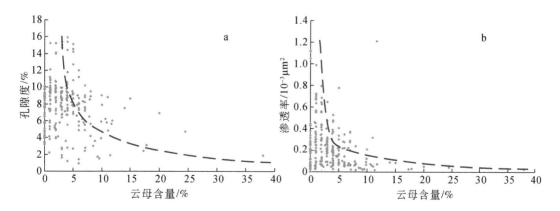

图 6-6　鄂尔多斯盆地镇泾地区长 8 油层组砂岩中云母含量与储层物性关系

　　ZJ25 井位于研究区中部砂体东北部，沉积微相划分上属于水下分流河道主河道砂体，位于河道边部。从 ZJ25 单井综合柱状图（图4-9）中可以看出，该井长 8 油层组含油砂体厚度 12.1 m，为厚层状油斑–油浸砂岩，该井 2263～2268 m 井段进行射孔试油，获得日产油 10.1 t 的高产油流。薄片鉴定分析表明，含油层段的砂岩岩石类型以长石岩屑砂岩为主，部分井段为岩屑长石砂岩（图4-9）。

　　HH26 井位于研究区中部砂体东南部，沉积微相划分上属于水下分流河道主河道砂体，位于河道中心部位。从 HH26 单井综合柱状图（图6-7）中可以看出，该井长 8 油层组含油砂体厚度 12.9 m，为厚层状油斑–油浸砂岩，该井 2117～2124 m 井段进行射孔试油，获得日产油 12.4 t 的高产油流。薄片鉴定分析表明，含油层段的砂岩岩石类型主要为长石岩屑砂岩（图6-7）。

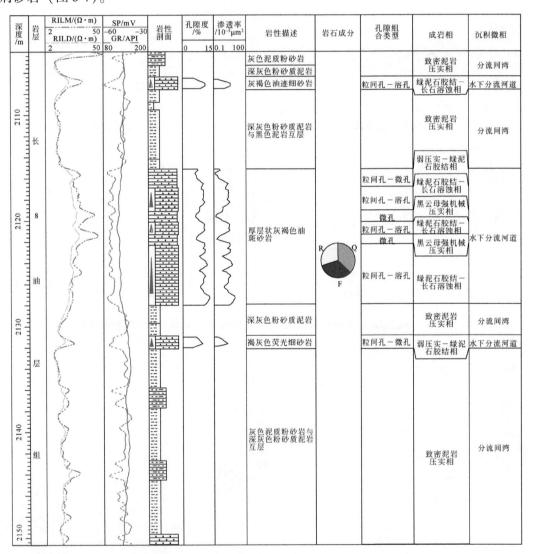

图 6-7　鄂尔多斯盆地镇泾地区 HH26 井长 8 油层组综合柱状图

从镇泾地区长 8 油层组岩石成分平面分布图（图 6-8）中我们可以看出，长 8 油层组的岩石类型以长石岩屑砂岩为主，岩屑长石砂岩次之，从西南往东北方向，石英的含量逐渐升高，而长石和岩屑的含量变化无规律可循。总体看来，油气主要富集区，如 ZJ25 井区岩石以长石岩屑砂岩为主，长石、岩屑含量较高，石英含量较低（图 4-9），这表明中基性火山岩岩屑为孔隙衬里绿泥石的形成提供了物质基础，长石为中成岩 A 期溶解作用的发生提供了物质基础。长石岩屑砂岩是最有利于油气储集的岩石类型。

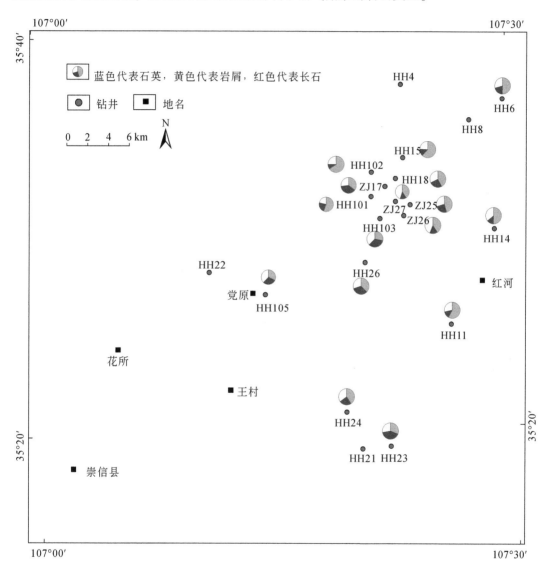

图 6-8　鄂尔多斯盆地镇泾地区长 8 油层组岩石成分平面分布图

3. 沉积微相对储层物性的影响

镇泾地区长 8 油层组砂岩主要发育辫状河三角洲前缘亚相沉积，并可进一步划分为水下分流河道、分流间湾、分流河口砂坝、水下天然堤和席状砂五种沉积微相类型。沉积微相与储层物性的关系统计结果（表6-1）表明，水下分流河道砂岩的孔隙度在0.4%～17.2%之间，平均8.1%，渗透率为$0.01 \times 10^{-3} \sim 2.58 \times 10^{-3}\,\mu m^2$，平均$0.22 \times 10^{-3}\,\mu m^2$；分流河口砂坝砂岩的孔隙度在2.4%～9.7%之间，平均6.5%，渗透率为$0.03 \times 10^{-3} \sim 0.22 \times 10^{-3}\,\mu m^2$，平均$0.10 \times 10^{-3}\,\mu m^2$；席状砂砂岩的孔隙度在3.0%～8.1%之间，平均6.6%，渗透率为$0.03 \times 10^{-3} \sim 0.18 \times 10^{-3}\,\mu m^2$，平均$0.07 \times 10^{-3}\,\mu m^2$；水下天然堤砂岩的孔隙度在0.8%～6.2%之间，平均3.7%，渗透率为$0.02 \times 10^{-3} \sim 0.10 \times 10^{-3}\,\mu m^2$，平均$0.07 \times 10^{-3}\,\mu m^2$；分流间湾砂岩的孔隙度在0.3%～9.6%之间，平均4.2%，渗透率为$0.01 \times 10^{-3} \sim 0.32 \times 10^{-3}\,\mu m^2$，平均$0.04 \times 10^{-3}\,\mu m^2$。图5-27中HH6、HH12和HH18井的砂岩样品均属于水下分流河道沉积，而HH11和部分HH13井的样品属于分流间湾沉积，前者的储层物性明显好于后者。相对来说，水下分流河道砂岩是最有利于储层发育的沉积微相，特别是那些有微裂缝发育的水下分流河道砂岩（图6-9）。

表6-1　镇泾地区长8油层组沉积微相与储层物性关系

	水下分流河道	分流河口砂坝	席状砂	水下天然堤	分流间湾
孔隙度/%	0.4～17.2/8.1	2.4～9.7/6.5	3.0～8.1/6.6	0.8～6.2/3.7	0.3～9.6/4.2
渗透率/$10^{-3}\,\mu m^2$	0.01～2.58/0.22	0.03～0.22/0.10	0.03～0.18/0.07	0.02～0.10/0.07	0.01～0.32/0.04

注：0.4～17.2/8.1表示最小值～最大值/平均值。

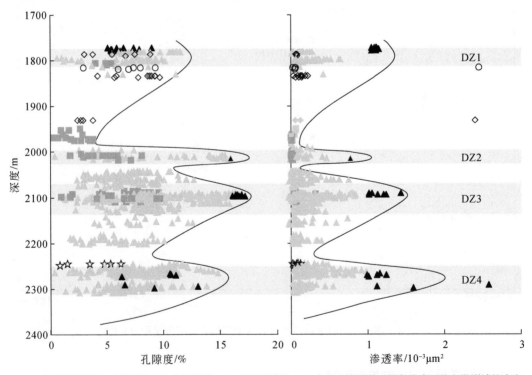

◇ 分流河口砂坝　○ 席状砂　■ 分流间湾　☆ 水下天然堤　▲ 水下分流河道，黑色代表可能有微裂缝的发育

图6-9　鄂尔多斯盆地镇泾地区长8油层组沉积微相与砂岩孔隙度和渗透率实测值垂向分布关系

6.1.3 长 9 油层组

1. 砂岩粒度对储层物性的影响

镇泾地区长 9 油层组砂岩粒度大小与物性存在明显的正相关关系，即随着粒度增大，孔隙度和渗透率逐渐增高（图 6-10a、b）。长 9 油层组粒度总体较细，决定了其原始孔渗性较差，整体上来看，中砂岩的孔渗性明显好于细砂岩，细砂岩好于粉砂岩（图 6-11）。

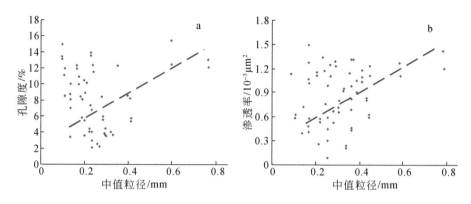

图 6-10 鄂尔多斯盆地镇泾地区长 9 油层组储层平均粒径与孔隙度、渗透率关系图

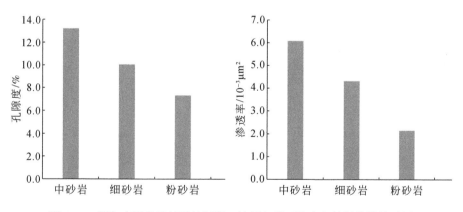

图 6-11 鄂尔多斯盆地镇泾地区长 9 油层组岩石粒度与储层物性关系图

2. 砂岩组分对储层物性的影响

根据薄片鉴定统计分析，镇泾地区长 9 油层组砂岩储层孔隙度和渗透率与石英的含量正相关性非常明显，即砂岩储层孔隙度和渗透率随着石英碎屑颗粒含量的增加而增大（图 6-12a、b）。砂岩储层的孔隙度与岩屑呈较强的正相关关系，但渗透率与岩屑的相关性较弱（图 6-12c、d）。长 9 油层组砂岩储层孔隙度和渗透率随着长石颗粒含量的增加而

增加（图6-12e、f），这可能与研究区的储层空间主要为长石溶蚀有关，研究区岩石主要为长石岩屑砂岩和岩屑长石砂岩，长石含量高，这为后期溶蚀孔隙的发育提供了良好的物质基础。

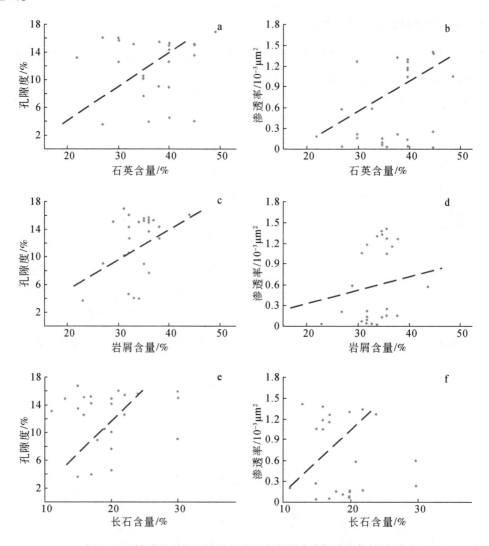

图6-12　镇泾地区长9油层组砂岩中各种成分与储层物性关系

一般认为云母碎屑的存在会造成储层物性的普遍变差，研究区也不例外，随着云母碎屑含量的增加，储层的孔隙度和渗透率逐渐降低，当云母含量低于5%时，其对储层物性影响不大；当含量大于5%时，其对储层物性影响明显，长9储层的孔隙度和渗透率随云母含量的增加而减小，渗透率的降低尤为明显；当含量大于10%时，储层成为非渗透层（图6-13a、b）。这主要是由于云母碎屑塑性大，在后期成岩压实作用下，云母碎屑发生变形，充填孔隙，造成孔隙度和渗透率变差。

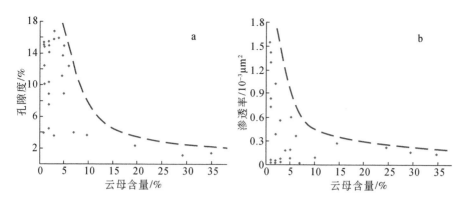

图 6-13　鄂尔多斯盆地镇泾地区长 9 油层组砂岩中云母含量与储层物性关系

3. 沉积微相对储层物性的影响

镇泾地区长 9 油层组砂岩储层的沉积相类型主要有三角洲前缘水下分流河道、水下分流河道间湾、河口坝和浅湖泥及砂，三角洲前缘水下分流河道和河口坝由于长时间受水体冲刷改造作用，砂岩的分选性和磨圆度比较好，砂体分布面广，形成的储层物性较好。沉积相除了直接控制储层的原始物性外，更重要的是不同沉积相中的砂岩内部结构和物质成分有差异，这对成岩作用有着显著的影响。水下分流河道和河口坝砂体抗压实能力相对较强，保存下来的孔隙大、孔喉粗，并易于遭受晚期溶蚀，储层中发育的各类次生溶孔、溶缝较多，储层物性较好。水下分流河道间湾砂体和滨浅湖砂体的抗压实能力较弱，易受胶结作用的影响，加之晚期溶蚀作用弱，储层以发育小孔和微孔为主，孔径及喉道细小，储层物性相对较差，甚至成致密储层。

长 9 油层组沉积微相与储层物性的关系统计（表 6-2）表明，有利的储层相带是水动力较强、沉积物分选较好、物性较好的三角洲前缘水下分流河道砂体，以及砂体厚度大、砂岩百分比高、颗粒分选性较好的河口坝砂体。它们的平均孔隙度一般在 10% 以上，平均渗透率一般在 $5.0 \times 10^{-3} \mu m^2$ 以上（图 6-14a、b）。这些相带岩石成分成熟度和结构成熟度相对较高，粒度相对较粗（一般在中细砂以上），分选较好，杂基含量较少。总体三角洲前缘水下分流河道和河口坝储层物性最好，它们也是镇泾地区长 9 油层组最主要的储集砂体。

表 6-2　鄂尔多斯盆地镇泾地区长 9 油层组沉积微相与储层物性关系

沉积相类型	孔隙度/%			渗透率/$10^{-3}\mu m^2$		
	最大值	最小值	平均值	最大值	最小值	平均值
三角洲前缘水下分流河道	16.23	7.78	12.71	12.24	2.01	5.13
三角洲前缘水下分流河道间湾	10.25	6.82	8.12	3.3	0.58	1.32
三角洲前缘河口坝	17.05	8.32	12.27	11.45	1.91	5.02
浅湖	10.71	6.85	8.85	1.2	0.11	0.75

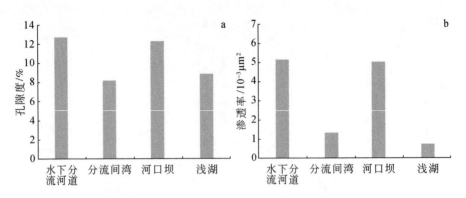

图 6-14　鄂尔多斯盆地镇泾地区长 9 油层组沉积微相与储层物性关系直方图

6.2　储层黏土矿物对物性影响

国内外研究表明，在沉积、成岩条件大致相同的情况下，黏土矿物含量越高，砂岩的孔隙度、渗透率就会越低，储集性能就越差。砂岩中黏土矿物含量为 1% ~ 5% 时，属储集性能较好的油气层，当黏土矿物含量超过 10% 时，则认为是较差的油气层。黏土矿物的绝对含量对砂岩储集性能的影响不能一概而论。当砂岩的成熟度高时，砂岩的主要胶结物为钙质和自生黏土矿物，在这种条件下黏土矿物的绝对含量对砂岩储集性能的影响比较明显，随着黏土矿物含量的增加，砂岩的孔隙度和渗透率都有所减小，渗透率的降低更明显。当砂岩的成分成熟度和结构成熟度较低时，黏土矿物的绝对含量对砂岩物性的影响不明显，砂岩物性主要与岩石本身的成分和结构有关。

镇泾地区长 6 油层组砂岩储层的黏土矿物总含量在 2% ~ 12% 之间，平均含量为 5.57%，以伊蒙混层黏土矿物为主，伊利石和高岭石次之，绿泥石较少，黏土矿物的绝对含量对砂岩物性的影响不明显（图 6-15a、b）。

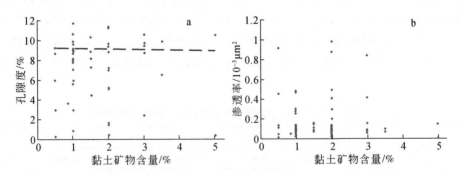

图 6-15　鄂尔多斯盆地镇泾地区长 6 油层组砂岩中黏土矿物与物性关系

长 8 油层组砂岩储层黏土矿物总含量在 1% ~ 18% 之间，主要有伊利石、高岭石、绿泥石和伊蒙混层四种黏土矿物，其与砂岩储层的孔隙度呈弱的负相关，但对储层的渗透率影响明显增大，随着黏土矿物含量的增加，砂岩储层的渗透率明显降低（图 6-16a、b）。

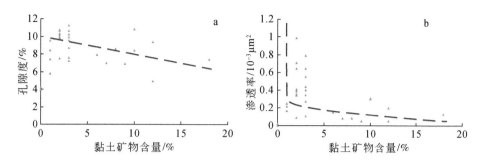

图6-16　鄂尔多斯盆地镇泾地区长8油层组砂岩中黏土矿物与物性关系

长9油层组砂岩储层黏土矿物总含量在1%~15%之间，平均含量为5.23%，其与砂岩储层的孔隙度和渗透率均为明显的负相关关系，随着黏土矿物含量的增加，砂岩储层的孔隙度和渗透率明显降低（图6-17a、b）。上述特征除与砂岩本身的成熟度有关以外，还与砂岩中黏土矿物成分、产状及形态有关，关于这方面的内容将在成岩作用对储层物性的影响中详细阐述。

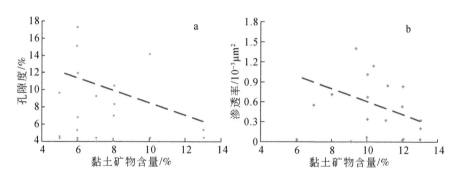

图6-17　鄂尔多斯盆地镇泾地区长9油层组砂岩中黏土矿物与物性关系

6.3　储层成岩作用对物性影响

碎屑岩储层的成岩演化是一个复杂的物理化学变化过程，尤其是发生在成岩阶段中晚期的物理、化学变化常对储层孔隙结构和矿物组成的变化产生重要影响，而这种变化通常是由孔隙流体性质的改变所引起的，来自烃源岩的富含有机酸的酸性流体可改变砂岩储层孔隙中的地球化学环境，造成砂岩溶蚀作用的发生以及矿物组成和物性条件的改变。成岩作用在砂岩埋藏演化过程中对其原生孔隙的保存或破坏以及次生孔隙的发育起着关键作用（Salem et al.，2000；Ceriani et al.，2002；林春明等，2011；王爱等，2020）。

根据铸体薄片和扫描电镜图像分析结果，镇泾地区长6、长8和长9油层组砂岩储层成岩作用类型非常复杂，经历了强烈的后期成岩作用改造，埋藏成岩过程中各种成岩作用对砂岩储层原生孔隙保存或破坏以及次生孔隙的发育都产生一定影响。其中，使储层物性变差的成岩作用有压实作用和胶结作用，使储层储集性能变好的成岩作用有溶蚀作用和交代作用。次生孔隙在长 6、长 8 和长 9 层段储层中均较发育，是砂岩主要储集空间之一，它的发育状况直接影响了砂岩储层的孔渗条件，因此，研究砂岩储层成岩作用对长 6、长 8 和长 9 储层评价和预测具有重要意义。

6.3.1　压实作用对物性影响

压实作用是导致研究区砂岩孔隙丧失的主要原因之一，据薄片观察，研究区长 6、长 8 和长 9 储集岩均主要发育机械压实作用，早期成岩阶段发生的机械压实作用可导致砂岩颗粒间的紧密排列、位移及再分配，云母类及塑性岩屑发生膨胀及塑性变形，导致原生粒间孔大量丧失，渗透率急剧降低。大量砂岩粒间孔隙度的埋藏改造作用研究表明，在埋深小于 1500 m 时，碎屑的再分配使砂岩的粒间体积迅速降低到 28%，之后随埋藏深度的加大，粒间体积减小幅度缓慢，至 2400 m 时，粒间体积降为 26%，因此，早期成岩阶段及中期成岩阶段早期（深度<2500 m）的压实作用是造成镇泾地区砂岩原生孔隙大量丧失的主要原因。从显微镜下观察可以看出，长 6、长 8 和长 9 储层的压实作用为中等–强烈，颗粒紧密堆积，机械压实作用的强度高。

长 6 砂岩在埋深<1750 m 时，孔隙度、渗透率降低幅度比较大，压实作用是储层孔隙度、渗透率降低的主要因素（图5-22），在机械压实作用下，岩石颗粒之间多为线接触和凹凸接触，偶尔出现缝合接触。云母碎片在压实作用下发生明显的塑性变形，质软的泥岩岩屑在压实作用下被挤入孔隙中形成假杂基，从而阻塞孔隙空间。

压实作用对长 8 储层孔隙度和渗透率的影响主要反映在埋藏早期，即早白垩世中期之前，此时砂岩埋深小于 2000 m，处于早成岩和中成岩阶段早期；早白垩世中期之后，埋深逐渐增加，虽受构造抬升影响，埋深一度浅于 2000 m，但此时由于各种胶结和溶解作用的增强，压实作用对储层物性的影响逐渐减弱（图5-25），显示早成岩和中成岩阶段早期的机械压实作用是造成研究区埋深小于 2000 m 砂岩原生孔隙大量丧失，渗透率急剧减小的主要原因，孔隙度从 1800 m 左右的低孔（11.48%）逐渐变为 2000 m 左右的超低孔（3.8%）；渗透率则由特低渗（$1.144 \times 10^{-3} \mu m^2$）逐渐转变为非渗（$0.016 \times 10^{-3} \mu m^2$）。

从显微镜下观察可以看出，长 9 油层组储层的压实作用为中等–强烈，颗粒紧密堆积，多呈线或点–线接触，甚至可见凹凸接触和镶嵌接触，原生粒间孔趋于消失，仅见少量残余粒间孔，云母及塑性颗粒发生弯曲变形及假杂基化，说明机械压实作用的强度相当高。早成岩和中成岩阶段早期的机械压实作用是造成研究区埋深小于 1900 m 砂岩原生孔隙大量丧失，渗透率急剧减小的主要原因，孔隙度从 1750 m 左右的 16.38% 下降为 1880 m 左右的 11.5%；渗透率由 1750 m 左右的 $6.24 \times 10^{-3} \mu m^2$ 下降为 1880 m 左右的 $1.46 \times 10^{-3} \mu m^2$（图5-29）。

6.3.2　胶结作用对物性影响

胶结作用是指矿物质在碎屑沉积物孔隙中沉淀，形成自生矿物并使沉积物固结为岩石的作用，它是使储层孔隙度降低的另一个重要因素（林春明，2019）。储层内胶结物含量的增加，会导致岩石孔隙度降低。镇泾地区胶结作用是导致长 6、长 8 和长 9 储集岩的储层物性变差的原因之一。

1. 碳酸盐胶结作用降低储层物性

碳酸盐胶结物的沉淀对储层是一种破坏作用。碳酸盐沉淀于碎屑颗粒间，将减少沉积物的孔隙空间。当大量碳酸盐出现时，碎屑颗粒漂浮于其中，沉积物很少或没有孔隙。研究区碳酸盐胶结物主要为方解石、铁方解石及铁白云石，且以方解石含量为最高。通过薄片观察，方解石一般为基底式胶结，呈自形–半自形，而铁方解石的析出要比方解石晚，主要为基底式胶结和孔隙式胶结，呈不规则晶粒状充填于粒间，还有相当一部分以交代长石的形式存在，主要形成胶结交代致密层，铁白云石析出时间最晚，呈自形–半自形菱面体或立方体，分散状充填粒间孔隙或交代方解石胶结物及碎屑颗粒（张霞等，2011a，2011b，2012）。在颗粒接触部位胶结物不甚发育，表明胶结物形成于压实作用后期。大量的碳酸盐胶结物使储层层内非均质性大大增强。

分层段的孔隙度与碳酸盐胶结物对孔隙度的控制作用表明，只有在碳酸盐胶结程度弱或碳酸盐溶蚀作用强的地带才有可能发育有利储层，在碳酸盐强烈胶结条件下，储层物性一般都很差。镇泾地区长 6 油层组砂岩碳酸盐胶结物含量和储层物性具有负相关关系，随着碳酸盐胶结物含量的不断增加，孔隙度显著，渗透率也逐渐降低（图 6-18）。长 8 油层组砂岩碳酸盐胶结物含量和储层物性具有明显的负相关关系，随着碳酸盐胶结物含量的不断增加，孔隙度和渗透率逐渐降低（图 6-19a、b）；据镜下观察及面孔率统计，晚期亮晶方解石胶结物可造成长 8 油层组砂岩内部粒间孔隙的损失率达 20%～50%，当亮晶方解石胶结物的含量大于 5% 时，孔隙度和渗透率随其含量的增加而降低，渗透率的降低更为明显，当其含量大于 20% 时，砂岩成为非储层（图 6-19a、b）。

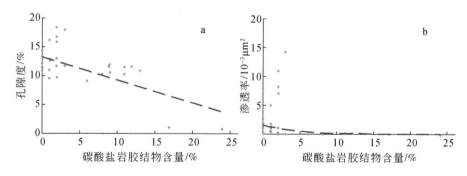

图 6-18　镇泾地区长 6 油层组孔隙度和渗透率与碳酸盐胶结物含量关系图

碳酸盐胶结物对长 9 油层组储层物性具有双重影响，早成岩阶段形成的微晶和亮晶方解石一方面充填于孔隙中，造成孔隙度和渗透率降低；另一方面可以增强岩石的抗压强度，减小机械压实作用对储层物性的破坏，更主要的是可以为后期大规模溶蚀作用的发生提供物质基础。晚期碳酸盐胶结主要形成于溶蚀作用之后，其主要交代碎屑颗粒与填隙物，在此过程中早期形成的粒内、粒间溶孔和残余原生粒间孔被其充填，造成储层孔隙度和渗透率数值明显下降，因此只有在碳酸盐胶结程度弱及早期碳酸盐胶结物溶蚀较强的层

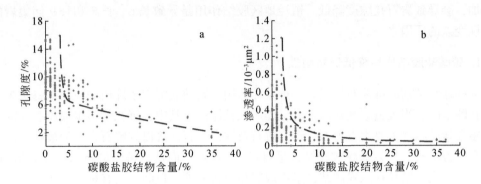

图 6-19　镇泾地区长 8 油层组砂岩中碳酸盐与储层物性关系

段才有可能形成有利储层。研究区长 9 油层组砂岩储层碳酸盐胶结物含量和储层物性具有明显的负相关关系，随着碳酸盐胶结物含量的不断增加，孔隙度和渗透率逐渐降低。当碳酸盐胶结物含量超过 4% 时，储层孔隙度和渗透率随其含量的增加而降低，渗透率的降低趋势更为明显；其含量大于 10% 时，储层成为致密储层（图 6-20a、b）。

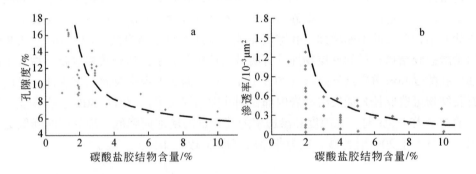

图 6-20　鄂尔多斯盆地镇泾地区长 9 油层组砂岩中碳酸盐与储层物性关系

2. 自生石英胶结堵塞孔隙喉道

石英的次生加大是研究层段中最常见的石英胶结物，加大边厚 0.02 ~ 0.08 mm，石英次生加大边与碎屑石英间以很薄的黏土膜相分开，以 Ⅱ - Ⅲ 级自生加大为常见。加大边多数不连续。石英的次生加大充填孔隙并堵塞喉道，降低了储层的孔、渗性能。

另外镜下鉴定也发现，在石英次生加大边不发育的砂岩中，硅质胶结物经常以他形或自形的自生石英晶体存在于绿泥石薄膜发育以后形成的残余原生粒间孔隙中，造成储层孔隙度和渗透率的显著降低。

3. 自生黏土矿物的胶结作用

研究区长 6、长 8 和长 9 油层组砂岩中自生黏土矿物胶结物主要为高岭石、绿泥石、伊利石及伊蒙混层，自生黏土矿物对储层物性的影响既有建设性的也有破坏性的。

1）绿泥石胶结物

绿泥石胶结物对储层物性的影响具有双重性（林春明，2019）。一方面，绿泥石胶结物对储层物性起保护作用：①孔隙衬里绿泥石可有效降低压实、压溶作用对储层孔隙缩小或减少的影响，使孔隙得以保存；②孔隙衬里绿泥石阻碍了石英次生加大边的形成，使原生粒间孔得以保存；③孔隙衬里绿泥石的发育为中成岩阶段 A 期酸性流体的进入及溶解物质的带出提供了有效通道，使次生孔隙大量发育，储层物性明显变好；④孔隙衬里绿泥石的大量发育指示当时处于一个碱性的、高孔渗的开放环境，有利于早期碳酸盐胶结物的形成，早期碳酸盐胶结物的发育大大抑制了压实作用的进行，并为后期次生孔隙的发育提供了物质基础。另一方面，还应注意绿泥石胶结物对储层的负面影响：①绿泥石胶结物的存在必然会减小孔隙半径，堵塞喉道；②绿泥石胶结物的晶间孔发育，常使孔隙喉道变得迂回曲折；③绿泥石富含铁镁物质，FeO 和 MgO 的平均含量分别为 26.45% 和 7.49%，对盐酸和富氧系统十分敏感，酸化过程中易形成氢氧化铁胶体堵塞喉道。总的来说，孔隙衬里绿泥石对储层物性的建设性大于破坏性；孔隙充填绿泥石对储层物性起破坏作用；而颗粒包膜绿泥石因厚度小，含量少，对储层物性的影响较小。

2）伊蒙混层和伊利石胶结物

伊蒙混层黏土矿物是蒙脱石向伊利石转化的过渡产物，其遇水膨胀后易堵塞孔喉，对储层物性起破坏作用。伊利石主要表现为纤维状或发丝状，造成砂岩储层孔喉减小，弯曲度增加，储层物性变差，严重时可使砂岩完全丧失储集性能。

3）高岭石胶结物

储层中自生高岭石胶结物大部分是含油气酸性流体与长石颗粒发生水岩反应的产物，可以很少或大量原地沉淀于溶蚀孔隙中，使得物性变好或变差。在孔隙衬里绿泥石和微裂缝发育的储层中，含油气流体活动强度大，渗流速度高，高岭石易于迁移至别处，使长石溶孔得以保存，储层物性明显改善。如 HH23 井的 2005.01 ~ 2008.95 m 和 2009.45 ~ 2013.33 m 长 8 储层井段，孔隙衬里绿泥石的存在使溶蚀孔隙大量发育，以特大溶蚀粒间孔、溶蚀扩大孔和铸膜孔为主，面孔率在 8% ~ 35% 之间，储层物性明显改善。反之，在孔隙衬里绿泥石和微裂缝不发育的砂岩中，后期机械压实作用强烈，孔隙喉道急剧减小，储层渗流能力变差，长石溶解后生成的高岭石胶结物原地沉淀，储层物性变差。如 ZJ19 井的 2282.81 ~ 2300.50 m 长 8 储层井段，渗透率普遍低于 $0.2 \times 10^{-3} \ \mu m^2$。

尽管高岭石的集合体充填于孔隙中，减少了原始粒间孔隙度，但是自生高岭石矿物与长石的溶蚀孔隙有明显的共生关系，其形成时间基本一致，高岭石的大量发育常常意味着大量次生溶蚀型孔隙的产生，且有时自生高岭石颗粒堆积疏松，晶间孔隙非常发育。

6.3.3　溶蚀作用对物性影响

砂岩储层的溶蚀作用形成了各种类型的次生孔隙，成为长 6、长 8 和长 9 储层主要的孔隙类型之一，溶蚀孔隙对改善砂岩储层的储集性能起到了建设性的作用。根据显微镜及扫描电镜分析，发现研究区溶蚀作用主要发生在长石颗粒表面及内部，其次为岩屑。颗粒的溶解有两种情况，一种是长石、岩屑等不稳定颗粒直接溶解形成溶蚀粒内孔；另一种是长石及岩屑等颗粒先为碳酸盐矿物交代，碳酸盐矿物再被溶解形成溶蚀粒内孔及溶蚀粒间孔。由溶解作用造成的次生溶孔在研究区发育普遍，形成了大量的次生孔隙，如长石溶孔、岩屑溶孔、黏土矿物溶孔和碳酸盐粒内溶孔等，极大地改善了储层的物性。

长 8 储层在埋深 1800 m（DZ1）、2000 m（DZ2）、2100 m（DZ3）和 2300 m（DZ4）附近存在四个孔渗异常高值带（图 5-25），带内砂岩具有溶蚀粒间孔和粒内孔（特别是特大溶蚀粒间孔和扩大孔）发育、有机烃类充注和自生高岭石胶结物富集的特点，表明中成岩阶段 A 期有机酸的溶解作用是造成这四个带孔渗值异常高的主要原因。例如 HH12 井的 2089.67～2100.94 m（DZ2 带），HH17 井的 2094.83～2099.32 m（DZ2 带），以及 HH24 井的 1797.74～1801.52 m（DZ1 带）等井段，由于粒间溶蚀孔的大量发育，孔隙度和渗透率较其他井段明显增大，孔隙度在 7%～18% 之间，渗透率为 $0.2\times10^{-3}\ \mu m^2$～$1\times10^{-3}\ \mu m^2$，孔隙度和渗透率的相关性变好（图 6-21a、b）。但并不是所有处于这四个孔渗异常高值带的砂岩次生溶蚀孔隙均很发育，储层物性都好，如 HH17 井的 2085.22～2094.13 m 和 2099.63～2106.68 m 井段，孔隙度低于 8%，渗透率小于 $0.1\times10^{-3}\ \mu m^2$，孔隙度和渗透率相关性差（图 6-21c），其原因可能与砂岩中黑云母、千枚岩等塑性颗粒多有关，这些塑性颗粒受后期机械压实作用改造强烈，易堵塞孔隙，致使储集物性变差。此外，不同井由于溶蚀孔隙发育程度不同，孔隙度和渗透率具有不同的相关性，如 HH12 和 HH17 井次生溶蚀孔隙发育，但连通性差，孔隙度和渗透率的相关性差，相关系数为 0.51（图 6-21a），而 HH24 井的溶蚀孔隙虽较 HH12 和 17 井发育差，但孔隙之间的连通性好，孔隙度和渗透率的相关系数为 0.67（图 6-21b）。

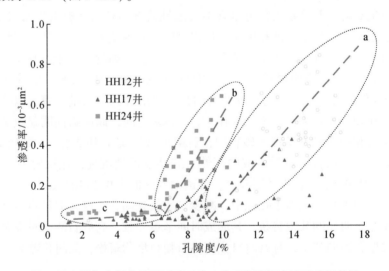

图 6-21　鄂尔多斯盆地镇泾地区长 8 砂岩孔隙度和渗透率相关图

压溶作用可导致颗粒内微缝合线和岩石内缝合线的产生，这些微缝合线均属于微裂缝。压溶作用的增强使石英发生溶解，为石英的次生加大提供了物质基础。若缝合线中没有有机质、泥质及其他杂质，对岩石的储集性能能够起到改善作用。但是在许多情况下，缝合线是作为流体运移通道而起作用的，尤其是在石英压溶作用过程中产生的，会运移到其他部位，以石英次生加大边的形式再沉淀，导致孔隙空间被充填，引起孔隙度减小。镇泾地区储层中发育有石英压溶缝合线，压溶高度可达几毫米。这些缝合线一方面为油气的运移提供了通道，但另一方面也为石英自生矿物的形成提供了物质基础，因此，长 6、长 8 和长 9 油层组储层中自生石英普遍发育既是其成岩作用强烈的标志，也是造成砂岩孔隙度降低和储集性能下降的原因之一。

综上所述，通过对影响长 6、长 8 和长 9 油层组砂岩储层物性的主要因素分析，我们认为成岩作用对砂岩储层物性的影响既有建设性也有破坏性。压实作用、碳酸盐、黏土矿物的胶结作用是破坏储层孔隙度、降低渗透率的主要因素；而黏土薄膜形成作用和溶蚀作用的发育则保存了原生粒间孔隙并且产生次生溶蚀孔隙，改善了储层的物性。

6.3.4　裂缝对物性影响

在低渗透储层中，裂缝是油气运移和流体渗流的主要通道，能有效提高储层的渗透性。研究表明，当岩石中裂缝发育时，储层的渗透率急剧增大，孔隙度增加幅度较低，孔隙度和渗透率相关性趋势线斜率接近 1（图 6-22）。长 6、长 8 和长 9 油层组储层的裂缝包括构造裂缝和成岩裂缝两种。构造裂缝为主要类型，以张裂缝为主，且多为高角度斜交裂缝和垂直裂缝，长度在 5 ~ 110 cm 之间，缝宽约 0.01 ~ 6 mm。

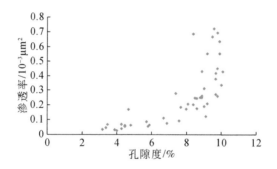

图 6-22　镇泾地区 HH18 井长 8 油层组砂岩孔隙度和渗透率相关图

我们以 HH18 井长 8 油层组砂岩为例，通过岩心实测孔隙度和渗透率关系可看出，当岩心中微裂缝不发育时，其孔隙度和渗透率呈较好的线性关系，孔隙度<9%，渗透率<0.20×10^{-3} μm^2（图 5-27c，图 6-22），而当微裂缝发育时，其渗透率值急剧增大，孔隙度变化较小，在 9% 左右（图 5-27d，图 6-22）。此外 HH6 井 1771.52 ~ 1777.29 m 井段岩心分析孔隙度和渗透率关系图也显示微裂缝的发育可造成孔隙度较小的砂岩储层渗透率>1.00×10^{-3} μm^2（图 5-27e）。可见微裂缝的发育可提高砂岩储层的渗透性。曾联波等（2008）研究发现镇泾地区主要发育侏罗纪末的北西—南东向和白垩纪末—古近纪的北东—南西向两组近直交构造裂缝，且由于受现今北东东向构造应力场的影响，北东—南西向裂缝呈张剪状态，张开度大，渗透性最好，为主要渗流裂缝方向。因此，在长 8 油层组砂岩储层中，白垩纪末—古近纪的北东—南西向构造裂缝的发育是造成砂岩渗透率比基质渗透率高 1 个数量级的主要原因（图 4-19，图 6-9）。

6.3.5　油气充注对物性影响

我们以镇泾地区长 8 油层组储层为例阐述油气充注对储层的影响（张霞等，2012）。薄片观察表明长 8 油层组砂岩中油气充注通常发生在早成岩阶段早期孔隙衬里绿泥石初步形成之后，中成岩阶段 A 期晚期亮晶方解石胶结物大规模形成之前，表现为分布于溶蚀粒间孔边缘的孔隙衬里绿泥石不连续、溶解残留或靠近孔隙部分被油气浸染为黄褐色，以及晚期亮晶方解石胶结物充填溶蚀粒间孔，由此推断油气的充注作用可能在早成岩阶段 B 期就已发生。此外，长 8 油层组包裹体均一温度显示油气充注具有双峰特征，主峰分别为 75 ~ 80℃和 90 ~ 95℃，结合埋藏史和热史分析其对应的时代为早白垩世早中期，此时长 8 油层组正处于早成岩阶段 B 期晚期和中成岩阶段 A 期早期（图 4-19）。Surdam 等（1989）研究表明成岩温度为 80 ~ 100℃的区间是有机酸溶解作用最强区间，溶蚀孔隙特别发育。这些富含有机酸的有机流体进入砂岩孔隙系统后，孔隙介质由碱性变为酸性，使 pH 降低，促进了长石、早期碳酸盐胶结物等易溶颗粒的溶解以及次生孔隙的形成，长 8 油层组砂岩主要表现为长石颗粒的溶解。在溶解作用的改造下，长 8 油层组砂岩的孔隙度和渗透率逐渐升高，在早白垩世末期达到最大（图 4-19）。随着油气的进一步充注和富集，溶解作用停止，油气占据孔隙空间，排出孔隙水，将原来的水–岩两相系统改变为水–油–岩三相系统，使原来水岩介质发生的无机成岩反应如石英次生加大和碳酸盐胶结物的沉淀等受到抑制甚至停止（Marchand et al.，2002；蔡进功等，2003），此外，油气充注时产生的超压能缓冲压实作用对储层物性的破坏，从而使得溶解作用产生的次生孔隙能最大限度地保存下来。而在含水饱和带砂岩中黑云母等碎屑的绿泥石化以及黏土矿物的转化使孔隙流体的碱度提高，促进了含水饱和带砂岩中自生石英、伊利石、孔隙充填绿泥石和晚期碳酸盐胶结物的沉淀，晚期亮晶方解石胶结物的充填可使砂岩成为非储层（图 4-19）。油气充注在促进砂岩溶解作用发生时，溶解所产生的 K^+、Fe^{2+}、Mg^{2+} 被运移到含水饱和带沉淀形成自生伊利石和孔隙充填绿泥石，与之相伴随的是伊蒙混层黏土矿物含量的减少（图 3-16）。

第7章　储层分类评价与有利区预测

本章从岩石相特征、岩石结构与粒度特征、测井相特征等沉积相标志入手，以长 9 砂岩储层为主，兼顾长 8 和长 6 储层，探讨镇泾地区储层沉积相类型，并对区域剖面沉积相及沉积体系进行深入分析。在此基础上，结合录井、测井及试油资料，确定有效储层岩性、含油性、孔隙度及渗透率下限，建立了储层分类评价标准，最终对有利储层发育区进行了预测，为下一步勘探开发部署提供了强有力的地质依据。

7.1　沉积相标志

沉积相为沉积环境及在该环境中形成的沉积岩（物）特征的综合，因此，沉积环境不是沉积相，沉积物或沉积岩（包括各种岩石类型）也不是沉积相；沉积物或沉积岩加上沉积环境，即沉积物或沉积岩及沉积环境的总和才是沉积相，可简称相（林春明，2019）。相标志是指能够反映沉积特征和沉积环境的标志，包括岩石与矿物、生物、沉积构造、地球化学等标志。这些标志中某些标志可能具有准确的环境意义，但有些则不能以单一标志判断环境，而必须综合考虑多项标志才能判断古环境的特征。沉积相研究以相标志的研究为基础，以岩心描述和岩石相的划分为根据；根据不同相标志组合，确定沉积微相，由微相组合确定沉积亚相和沉积体系；再结合测井曲线，将岩石相转化为对应的曲线相，建立曲线相类型。在划分各口井单井相的基础上，将曲线相推广到连井地层剖面和平面沉积相中，从而得出微相、亚相和沉积体系在空间的展布规律（林春明等，2020，2023b）。

岩石的颜色、结构和构造具有一定的指相性，浅色岩石含有机质低，多形成于浅水和水动力较强的弱氧化环境，如水下分流河道和河口坝的砂岩；而深色岩石含有机质高，常为还原环境中形成，如水下分流河道间湾和半深湖–深湖泥岩。颗粒的粒度、分选性、磨圆度、支撑类型和定向性可以反映颗粒搬运距离长短和水体能量大小，杂基含量可以反映沉积介质的能量大小及是否被反复冲洗，岩屑成分类型可以反映其母岩性质。原生沉积构造是识别沉积体系非常有用的标志，它反映了沉积介质的性质、流体的水动力情况以及沉积物的搬运和沉积方式，如低能环境中出现的水平层理、流水成因的交错层理、波浪成因的波状层理以及生物成因的炭屑等（林春明，2019）。此外还可以根据测井响应包括曲线幅度特征、曲线形态等特征来研究地层的沉积相。

7.1.1　岩石相特征

岩石相是地层成因单元中最小的岩石单位，它是由一定岩石特征所限定的岩石单位。这些岩石特征包括成分、结构、构造、成层性等，它可以反映沉积时水流能量的大小及垂向变化。在岩石相的沉积标志中，岩石结构、沉积构造能反映沉积物流态和水动力条件，因此岩石相的划分一般也可与能量单元相对应。一种岩石相也称为一种能量单元，通过岩石相的研究可以分析目的层段沉积时的水动力状况及变化过程。岩石相垂向上按一定规律组合，形成了不同微相的层序特征。比岩石相级别更高的单位我们采用沉积微相—沉积亚相—沉积体系。

根据岩心观察，在镇泾地区长 6、长 8 和长 9 油层组中识别出砂岩相、过渡相、泥岩相，再进一步细分出若干岩石相类型（表 7-1）。这些岩石相类型反映了研究区的沉积背景为三角洲前缘亚相和浅湖亚相沉积，储层主体为三角洲前缘水下分流河道和河口坝。这些岩石相垂向上按一定规律组合，形成了不同微相的层序特征。

表 7-1　镇泾地区延长组长 6、长 8 和长 9 油层组岩石相划分表

砂岩相	按粒度划分	中砂岩
		细砂岩
	按沉积构造划分	槽状交错层理细砂岩
		波状交错层理细砂岩
		块状层理细砂岩
		平行层理细砂岩
过渡相	按粒度划分	含泥质砂质粉砂岩
		泥质粉砂岩
	按沉积构造划分	水平层理粉砂岩
		块状层理泥质粉砂岩
		波状交错层理泥质粉砂岩
		块状层理粉砂质泥岩
泥岩相	按颜色划分	灰色泥岩
		深灰色泥岩
	按沉积构造划分	水平层理泥岩
		块状层理泥岩

1. 砂岩相

岩性主要为薄-中层状细砂岩及中砂岩，粗砂岩少见。颗粒分选中等-好，次圆、次棱角状为主，线接触或凹凸接触，以孔隙式胶结为主，接触式胶结次之，胶结物以碳酸盐为主，硅质和黏土杂基含量较低。根据电性、粒度并结合沉积环境判断为三角洲前缘的水下分流河道和河口坝砂体。水下分流河道是三角洲前缘辫状水道向湖的延伸，具有受湖水改造的特征，常具板状、槽状交错层理，反映了高能、强水流及快速沉积的特点。

2. 过渡相

岩性主要为灰色粉细砂岩、灰质粉细砂岩、含泥质砂质粉砂岩、泥质粉砂岩，常呈中薄层状产出，砂岩分选中等-较好，磨圆次棱角状-次圆状，含少量杂基。沉积构造以水平层理为主，水平层理常与砂纹层理呈过渡关系，也可单独出现。单独出现时，常夹于泥岩中。水平层理粉细砂岩相形成于比较安静的水体，主要分布于水下分流河道间湾中。

3. 泥岩相

岩性主要为灰色及深灰色泥岩，常与砂岩呈互层状产出，与其伴生的还有炭屑，常见有块状层理和水平层理，含有丰富的有机质，在某些取心井段可见有油斑和油浸现象，这些特征表明其为三角洲前缘水下分流河道间湾沉积，在某些取心井段有浅湖泥沉积。

7.1.2 岩石结构与粒度特征

沉积构造是指沉积物沉积时，或沉积之后，由于物理作用、化学作用和生物作用形成的各种构造。在沉积物沉积过程中及沉积物固结成岩之前形成的构造为原生构造，例如层理、波痕等；固结成岩之后形成的构造为次生构造，如缝合线、成岩结核等。对原生沉积构造的研究，可以确定沉积物搬运与沉积方式、沉积介质性质以及流体的水动力状况，从而有助于分析沉积环境、恢复水流系统以及指出水流状态，有的还可确定地层的顶底层序（林春明，2019）。

镇泾地区延长组长 8 油层组储层细砂岩发育程度相对较高，交错层理（图 7-1a）、波状层理、平行层理（图 7-1b）、透镜状层理及块状层理等反映强水动力环境的层理类型均较发育，见大量的揉皱、滑塌变形构造和包卷层理（图 7-1c、d），见虫孔及泄水构造（图 7-1e、f）。在水下分流河道沉积的底部常含有来自下伏地层的泥砾层，泥砾大小不一，大的可以达到 10 cm，并具有明显侵蚀、切割及冲刷构造（图 7-1g、h）。砂岩储层还常见大量的植物根茎、植物碎屑和炭屑（图 7-2a），植物根茎和植物碎屑常常炭化成沥青（图 7-2b、c），此外，还见有黄铁矿晶体（图 7-2d）。

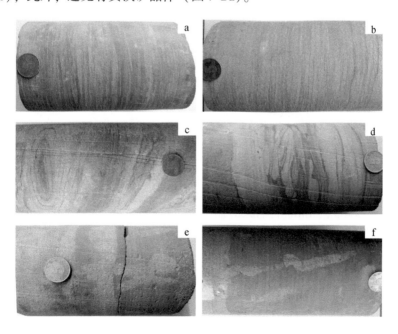

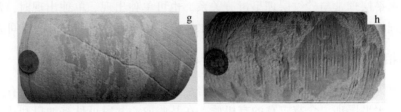

图 7-1　鄂尔多斯盆地镇泾地区延长组长 8 油层组岩心典型沉积构造特征

（岩心段左为地层的上部）

a. 油浸砂岩，交错层理发育，HH105 井，2243.99 m；b. 砂岩，波状、平行层理，HH21 井，1614.72 m；c. 浅灰色砂岩为主，见大量的揉皱、滑塌和变形构造，HH16 井，1938.24 m；d. 上部为油浸砂岩，下部为包卷层理，HH11 井，1959.11 m；e. 细砂岩，见波状层理，底部为冲刷面、虫孔，HH11 井，1971.58 m；f. 细砂岩，冲刷面，虫孔，泄水构造，HH105 井，2249.2 m；g. 浅灰色砂岩，底部见冲刷面，之上见大量的泥砾富集层，HH16 井，2095.77 m；h. 砂砾层，粒度向上变细，见大量泥砾，HH26 井，2128.96 m

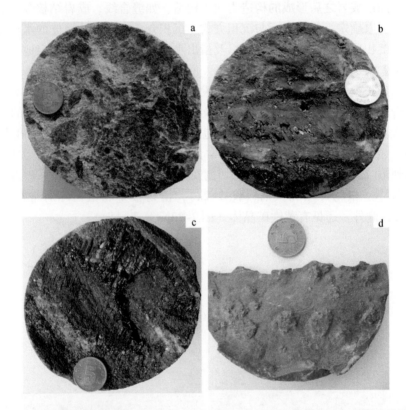

图 7-2　鄂尔多斯盆地镇泾地区延长组长 8 油层组砂岩储层中植物化石和黄铁矿晶体特征

a. 浅灰色油迹砂岩，炭屑富集，HH16 井，2108.09 m；b. 浅灰褐色油斑砂岩，炭屑沥青化，HH37 井，2007.19 m；c. 油浸砂岩，炭屑沥青化，HH105 井，2257.6 m；d. 油浸砂岩中见黄铁矿晶体，HH105 井，2195.54 m

　　长 9 油层组储层中砂岩、细砂岩发育程度相对较高，交错层理（图 7-3a）、透镜状层理（图 7-3b）、块状层理及平行层理等反映强水动力环境的层理类型均较发育，粉砂岩相中主要发育小型斜层理和波状层理（图 7-3c）。砂岩储层常见植物根茎、植物碎片化石和炭屑（图 7-3d、e），植物碎屑常常炭化（图 7-3f），还可见滑塌变形构造（图 7-3g），河道沉积的底部常含泥砾（图 7-3h）及下伏层的砾石，具明显侵蚀、切割及冲刷构造（图 7-3i）。

图 7-3　鄂尔多斯盆地镇泾地区延长组长 9 油层组典型沉积构造特征

a. 交错层理，HH42 井，1802.34 m；b. 透镜状层理，HH52 井，1865.87 m；c. 波状层理，HH35 井，1980.74 m；d. 炭屑，HH35 井，1981.3 m；e. 植物碎屑，HH68 井，1753.30 m；f. 植物碎屑已经炭化，HH56 井，2109.20m；g. 滑塌构造，HH54 井，2182.07 m；h. 撕裂状泥砾，HH55 井，2108.65 m；i. 冲刷面和撕裂状泥砾，HH55 井，2180.0m

　　粒度作为沉积岩最基本和最主要的结构特征，是影响储层物性的重要因素（邓程文等，2016）。沉积物粒度分布特征是衡量沉积介质能量，判别沉积环境和水动力条件的最基本方法之一（潘峰等，2011）。沉积物的粒度特征是沉积物风化剥蚀程度、搬运距离和水动力条件的综合反映，沉积构造在一定程度上反映了沉积期的环境和水动力条件（Prints et al.，2000），粒度参数很好地记录了沉积物的形成环境（Sahu，1964；Visher，1969）。平均粒径代表了沉积介质的平均动力能，分选系数可以表示平均粒径在阶段内的波动情况，偏态度量了沉积物频率曲线不对称程度，反映出沉积过程中的能量变异和沉积物受某种主要动力作用的结果，峰态反映了粒度分布的中部和两尾端的相对分选性。

HH55、HH56 和 HH68 井长 9 油层组储层岩性以含泥砂质粉砂岩为主，颗粒磨圆度一般，多为棱角状–次棱角状，受挤压明显，以线状镶嵌接触为主，呈定向–半定向排列，分选中等–好。沉积相主要为三角洲相的三角洲前缘亚相水下分流河道，部分见河口坝微相沉积。

长 9 油层组储层粒度频率分布曲线主要呈不对称单峰分布，偏态为正偏，峰型较平坦，主峰粒径处于 6~8 Φ 之间（图7-4，表7-2），表明了三角洲前缘亚相沉积水动力条件较弱，搬运物质以粉砂与黏土为主，也有细砂的特征。

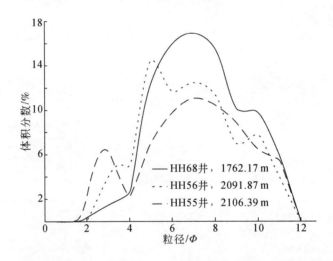

图7-4　鄂尔多斯盆地镇泾地区延长组长 9 油层组含泥砂质粉砂岩粒度频率分布曲线

表7-2　鄂尔多斯盆地镇泾地区延长组长 9 油层组含泥砂质粉砂岩粒度参数

井号	深度/m	平均含量/%			平均粒径/Φ	分选系数	偏态	峰态
		细砂	粉砂	黏土				
HH55	2087.87 ~ 2119.85	29.98	47.76	22.26	5.25 ~ 6.82 /5.85（20）	2.32 ~ 2.85 /2.65（20）	0.07 ~ 0.31 /0.15（20）	0.79 ~ 1.06 /0.87（20）
HH56	2091.08 ~ 2108.16	27.11	56.31	16.58	5.22 ~ 6.02 /5.58（22）	2.05 ~ 2.45 /2.25（22）	0.23 ~ 0.54 /0.39（22）	0.88 ~ 1.10 /0.95（22）
HH68	1750.05 ~ 1766.36	29.05	54.73	16.22	5.09 ~ 6.56 /5.54（17）	1.91 ~ 2.39 /2.19（17）	0.08 ~ 0.59 /0.40（17）	0.86 ~ 1.08 /0.95（17）

注：5.25~6.82/5.85（20）表示最小值~最大值/平均值（样品数）。

粒度概率累积曲线以跳跃组分与悬浮组分的两段式组合为主，表现为三角洲前缘沉积的特征。跳跃组分含量不高，一般 15%~40%，斜率不高，分选性一般；悬浮组分含量占 60%~80%（图7-5），粒度概率累积曲线中跳跃组分和悬浮组分的交截点数值为 3.0~3.8 Φ，这一特征反映了长 9 油层组储层沉积时水动力条件较弱。平均粒径在 5.09~6.82 Φ（表7-2），明显偏细，水动力较弱，搬运物质以粉砂与黏土为主，也有细砂的特征。

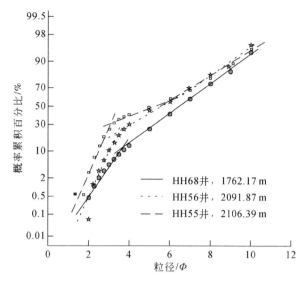

图 7-5 鄂尔多斯盆地镇泾地区延长组长 9 油层组含泥砂质粉砂岩粒度概率累积曲线

长 9 油层组储层砂岩在 C-M 图中主要分布在 Ⅵ 和 Ⅶ 区域（图 7-6）。在 C-M 图中，处于 C>1000 的 Ⅰ、Ⅱ、Ⅲ、Ⅸ 区域的样品沉积时主要为滚动和跳跃搬运，水动力条件强，由重力流或牵引流主导；而处于 C<1000 的 Ⅳ、Ⅴ、Ⅵ、Ⅶ、Ⅷ 区域的样品沉积时主要为跳跃和悬浮搬运，M 值越小，水动力条件越弱，牵引流为主，因此，研究区砂岩沉积时表现为水动力条件较弱，牵引流作用下以悬浮和跳跃搬运为主（图 7-6）。

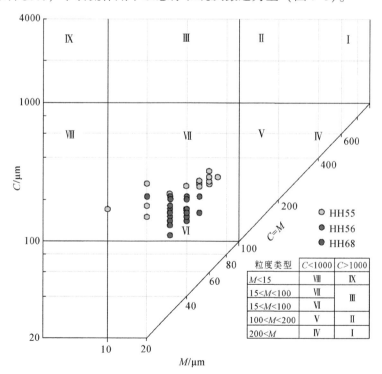

图 7-6 鄂尔多斯盆地镇泾地区延长组长 9 油层组含泥砂质粉砂岩粒度沉积 C-M 模式图

7.1.3　测井相特征

由于岩心资料的有限性和不连续性，沉积相研究必须借助测井资料。在岩心精细分析的基础上，建立岩电模型，从一组能够反映地层特征的测井响应中，提取测井曲线的变化特征，包括曲线幅度特征以及形态特征，将地层划分为有限个测井相，用岩心分析等地质资料对这些测井相进行刻度，建立典型的岩性-电性剖面，然后再进行剖面和区域的沉积微相解释。通过对取心井进行系统的沉积微相解释及其测井响应研究，建立了四种测井相模式（表7-3）。

表 7-3　鄂尔多斯盆地镇泾地区延长组长 9 油层组测井相与沉积微相的关系模式表

岩性特征	测井曲线特征	描述	沉积微相
	SP　　　　　　　RA25　　　HH55 井，2091.6~2092.4 m	中-高幅箱形、钟形	水下分流河道
	SP　　　　　　　RA25　　　HH56 井，2097~2098.4 m	中-高幅漏斗形	河口坝
	SP　　　　　　　RA25　　　HH68 井，1760~1761.2 m	低-中幅反向齿形	水下分流河道间湾
	SP　　　　　　　RA25　　　HH69 井，2072~2073 m	低-中幅齿化	浅湖

1. 中-高幅箱形、钟形测井相模式

该测井相模式代表三角洲前缘水下分流河道微相，为沉积物供给的主要渠道，物源供应相对充足。钟形和箱形与水下分流河道的沉积位置有关，也与水下分流河道的沉积作用方式有关。箱形代表物源供应丰富，水动力条件较强，一般为主河道沉积；钟形代表水动力条件由强逐渐转弱，一般为水下分流河道侧缘。通常在水下分流河道的顶部有较厚的水下天然堤，韵律变化比较明显。

2. 中-高幅漏斗形测井相模式

该测井相模式代表三角洲前缘河口坝微相，河口坝是由水下分流河道携带来的砂泥沉积物在河口处因散流而堆积下来所形成的沉积体系，一般下部为远砂坝或湖相泥岩，上部为河道冲刷沉积，河口坝沉积具有典型的下细上粗的反韵律特征，自然电位曲线形态呈漏斗形，其幅度为中-高幅，但比水下分流河道微相的测井响应幅度相对要低。

3. 低-中幅反向齿形测井相模式

该测井相模式代表三角洲前缘水下分流河道间湾微相，水下分流河道间湾所处的环境水动力条件较弱，一般为砂质泥岩、粉砂质泥岩等细粒沉积，沉积物往往厚度较薄。测井曲线较平直，大多数表现为两个高幅峰值间的低幅谷状齿形特征，无多齿特征。

4. 低-中幅齿化测井相模式

该测井相模式代表浅湖微相，自然电位形状表现为单峰指状，由于浅湖砂多孤立于泥岩沉积中，且本身岩性较细，故其测井曲线呈现为中低度指状形态。

7.2 单 井 相

通过对长 9 油层组岩石相特征、岩石结构与粒度特征及测井相特征进行分析，长 9 油层组沉积时期主要沉积了三角洲相及湖泊相。其中三角洲相主要发育三角洲前缘亚相的水下分流河道、水下分流河道间湾和河口坝微相；湖泊相主要发育浅湖亚相。以下选择有代表性的取心井，通过岩心观察和测井曲线特征对其沉积相进行剖析。

7.2.1 HH42 井

HH42 井长 9 油层组取心井段深度为 1805.3 ~ 1797.6 m、1796.1 ~ 1790.9 m、1785.3 ~ 1781 m，岩性主要为浅灰色、灰色砂岩以及深灰色泥岩，发育三角洲前缘水下分流河道、水下分流河道间湾、河口坝沉积微相（图 7-7）。

1805.3 ~ 1800.0 m 以深灰色泥岩为主，夹薄层粉砂岩，含大量炭屑，发育交错层理，顶部发育冲刷面构造，自然伽马值较高，为三角洲前缘分流间湾微相。

1800 ~ 1794.5 m 主要发育浅灰色砂岩，含有泥砾和炭屑，底部发育冲刷面构造，自然伽马曲线呈中幅钟形，为水下分流河道微相。

1794.5 ~ 1790.9 m 岩性为浅灰色细砂岩，岩石分选性较好，发育有平行层理，反映其沉积时水动力较强，自然伽马为漏斗型，为河口坝微相。

1790.9 ~ 1781.0 m 岩性以细砂岩为主，岩心观察发现该段砂岩油浸现象较为明显，自然电位和自然伽马曲线较为平直，为水下分流河道微相。

7.2.2 HH55 井

HH55 井长 9 油层组取心井段深度约为 2116 ~ 2089 m，岩性主要为浅灰色砂岩以及深灰色泥岩，发育三角洲前缘水下分流河道及间湾沉积微相（图 7-8）。

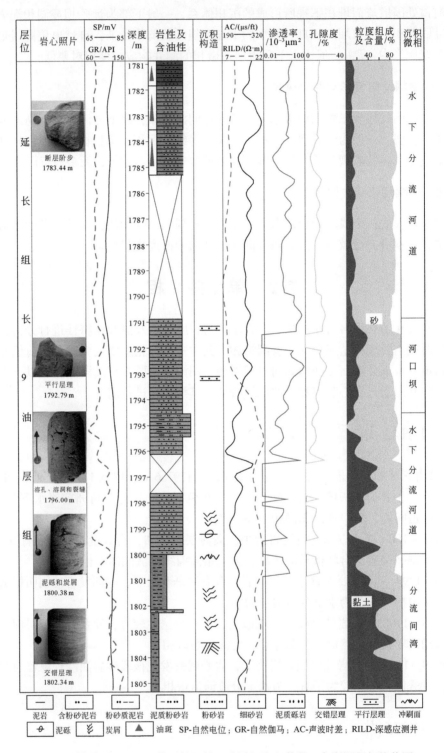

图 7-7　镇泾地区 HH42 井延长组长 9 油层组取心井段三角洲沉积相柱状图

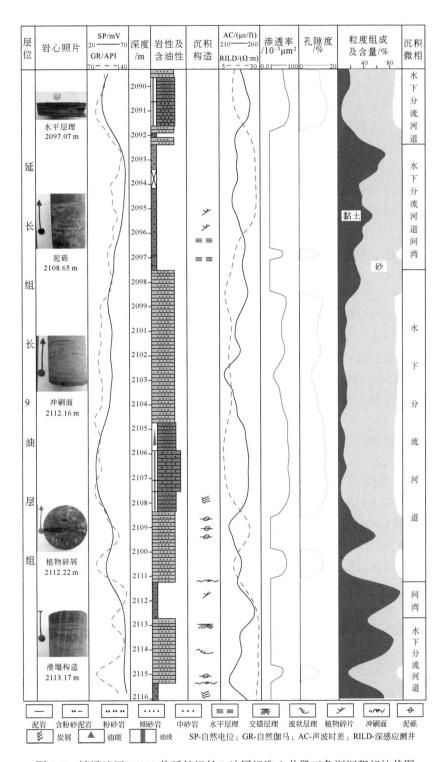

图 7-8　镇泾地区 HH55 井延长组长 9 油层组取心井段三角洲沉积相柱状图

2116～2112.8 m 以浅灰色细砂岩为主，下部发育有灰黑色泥岩，泥岩顶部发育冲刷面构造，并发育波状层理、交错层理及滑塌构造，为三角洲前缘水下分流河道微相。

2112.8～2111.2 m 为深灰色泥岩段，含有植物碎屑，为三角洲前缘水下分流河道间湾微相。

2111.2～2097.6 m 以浅灰色细砂岩为主，下部含较多泥砾，自然伽马和自然电位值较小、较平直，为三角洲前缘水下分流河道微相。

2097.6～2092.4 m 段以深灰色泥岩为主，下部含植物碎片，发育水平层理，自然伽马和自然电位值较高，为三角洲前缘水下分流河道间湾微相。

2092.4～2089 m 井段岩性主要为棕褐色油浸细砂、粉砂岩，夹浅灰色细砂岩和深灰色泥岩，自然电位和自然伽马值较低，为三角洲前缘水下分流河道微相。

7.2.3　HH56 井

HH56 井长 9 油层组取心井段深度约为 2114.2～2094.6 m，下段主要为浅灰色细砂岩及深灰色泥岩，上段主要为浅灰色中细砂岩，整个井段为三角洲前缘沉积（图 7-9）。

2114.2～2113 m 以深灰色泥岩为主，夹有薄层泥质粉砂岩和细砂岩，自然伽马和自然电位曲线较为平直，为三角洲前缘水下分流河道间湾沉积微相。

2113～2094.6 m 岩性主要为浅灰色中细砂岩及油浸中细砂岩，自然伽马和自然电位曲线明显负异常，含有炭屑和泥砾，为三角洲前缘的水下分流河道沉积微相。

7.2.4　HH68 井

HH68 井长 9 油层组取心井段深度约为 1765～1744.7 m，砂体厚度较大，岩性以浅灰色、灰色细砂岩和深灰色泥岩为主，主要发育三角洲前缘水下分流河道和水下分流河道间湾沉积微相（图 7-10）。

1765～1759.5 m 底部为深灰色泥岩，下部为浅灰色细砂岩，中部为深灰色泥岩，上部为深灰色泥岩与浅灰色细砂岩互层，整体上呈砂泥交互沉积，并发育水平层理、交错层理及透镜状层理，自然电位曲线值较高，自然伽马曲线呈中-高幅钟形，通过岩性、构造及测井曲线特征，确定该井段主要发育三角洲前缘水下分流河道及其间湾微相。

1759.5～1757 m 层段岩性为浅灰色细砂岩，分选性好，其底部含有泥砾，自然电位和自然伽马负异常，为三角洲前缘河口坝沉积微相。

1754～1752.4 m 深度段下部为较薄层深灰色泥岩，中部为浅灰色细砂岩，上部为油浸细砂岩，砂岩中含较丰富的炭屑和植物碎片，发育波状层理和交错层理，三角洲前缘水下分流河道微相。

1752.4～1744.7 m 层段岩性为浅灰色细砂岩，分选性较好，炭屑和斜层理构造发育，自然电位和自然伽马值也出现明显负异常。确定该段为三角洲前缘河口坝沉积。

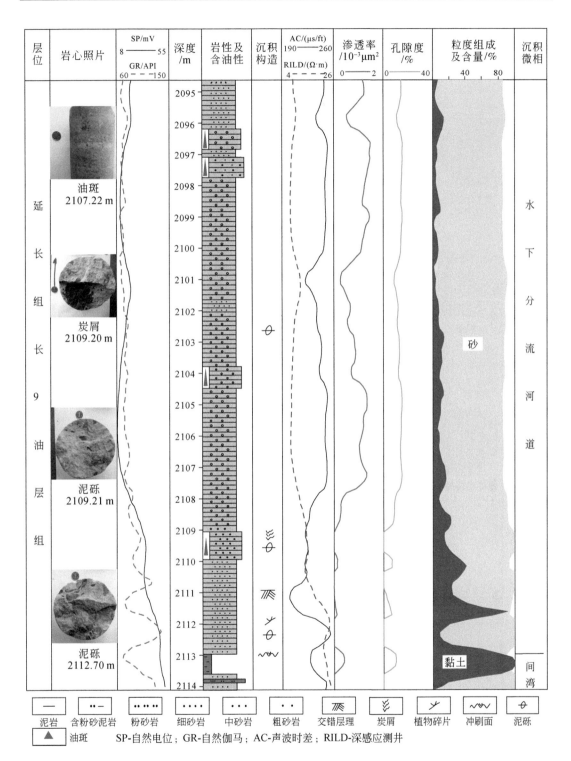

图 7-9　镇泾地区 HH56 井延长组长 9 油层组取心井段三角洲沉积相柱状图

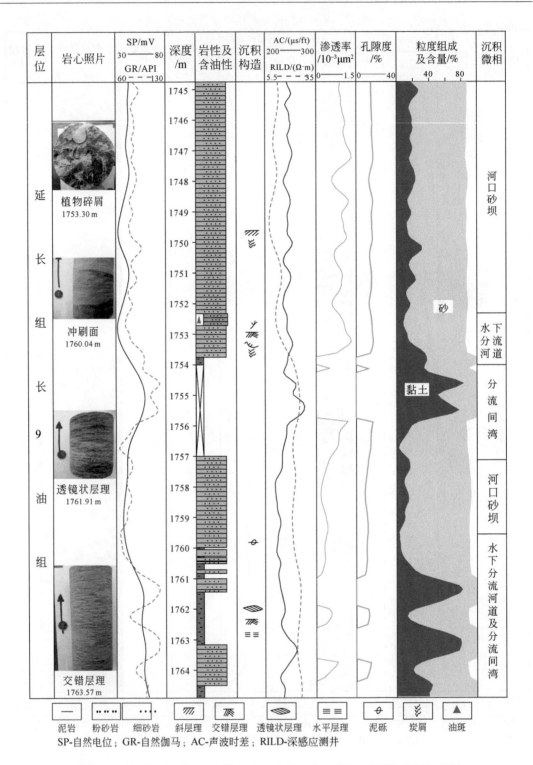

图 7-10　镇泾地区 HH68 井延长组长 9 油层组取心井段三角洲沉积相柱状图

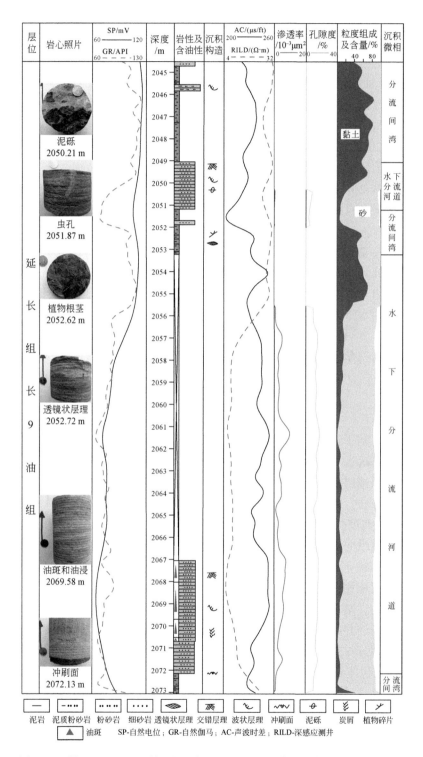

图 7-11　镇泾地区 HH69 井延长组长 9 油层组取心井段三角洲沉积相柱状图

7.2.5　HH69 井

HH69 井长 9 油层组取心井段深度约为 2073.1～2067.1 m，2053.2～2044.5 m，砂体厚度较大，岩性以浅灰色、灰色细砂岩和深灰色泥岩为主，主要发育三角洲前缘水下分流河道和水下分流河道间湾沉积微相（图 7-11）。

长 9 油层组 2073.1～2072.2 m 层段岩性为深灰色泥岩，顶部发育冲刷面构造，自然电位和自然伽马值较高，该层段为三角洲前缘水下分流河道间湾微相。

2072.2～2053.2 m 岩性主要为浅灰色细砂岩，砂岩厚度较大，发育波状层理和交错层理构造，自然伽马和自然电位曲线表现为明显负异常，该层段为三角洲前缘水下分流河道微相。

2053.2～2051.2 m 段为深灰色泥岩夹薄层浅灰色细砂岩，发育透镜状层理，自然电位和自然伽马值较高，为水下分流河道间湾沉积。

2051.2～2049.1 m 为浅灰色细砂岩，含泥砾，发育波状层理和交错层理，自然伽马曲线呈高幅钟形，为水下分流河道沉积。

2049.1～2044.5 m 为深灰色泥岩夹薄层浅灰色粉砂岩，发育波状层理，自然电位和自然伽马值较高，为三角洲前缘水下分支河道间湾沉积微相。

7.3　剖面沉积相和沉积体系

单井相分析有利于建立地层纵向格架，分析沉积环境，初步确定有利的砂体层段。但是仅单井相分析是远远不够的，而要以单井相分析为基础，利用钻井信息进行剖面沉积相分析，追踪各沉积地层单元的空间分布状况，才是建立沉积地层格架和分析储集砂体横向展布规律的最佳方法。本次进行剖面相分析对比主要依据以下原则：①选择位于构造走向（或倾向）方向的典型井，作为剖面沉积相分析对比的标准井，进行沉积体系与沉积相分析，总结沉积环境纵向演化规律；②根据沉积旋回变化的相似性及沉积相的特征，进行剖面沉积相对比；③建立沉积地层格架，约束沉积相边界的位置，避免剖面沉积相对比的穿时；④根据剖面沉积相分析对比的结果，确定有利砂体的展布规律。

遵循以上原则，结合研究区构造走向和物源条件，选取研究区 12 口钻井进行了井间对比，确立了 3 条连井剖面（图 7-12），其中北西—南东向 2 条，南西—北东向 1 条，对地层进行了横向划分对比，建立了研究区剖面沉积相对比分析的格架，从整体上阐明了长 9 油层组砂岩的沉积体系相互关系及其在整个研究区中的配置样式。

7.3.1　剖面沉积相

1. 剖面 AA'

此剖面近北西—南东向，过 HH67 井—HH42 井—HH42-2 井—HH52 井，长 9 油层组

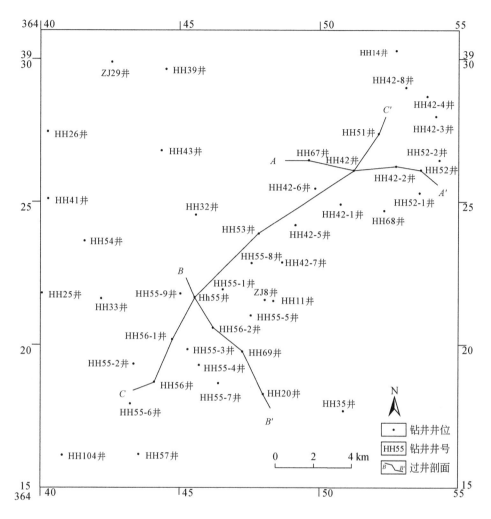

图 7-12　鄂尔多斯盆地镇泾地区延长组剖面沉积相分析井位图

沉积时期主要沉积了三角洲前缘水下分流河道和水下分流河道间湾微相，并见三角洲前缘河口坝沉积微相（图 7-13）。

长 9_1^3 小层沉积时期以 HH42 井为典型，主要为三角洲前缘沉积，发育水下分流河道和水下分流河道间湾微相，HH67 井、HH42-2 井和 HH52 井也以发育三角洲前缘水下分流河道和水下分流河道间湾为特征（图 7-13）。

长 9_1^2 小层沉积时期受到水体变浅，物源供给量变大的影响，自下而上发育多套砂体。沉积微相类型仍然以三角洲前缘水下分流河道和水下分流河道间湾为主，并发育有三角洲前缘河口坝沉积微相。HH42 井在本小层内发育多套厚层砂体，为主河道的分布区域，砂体沉积旋回变化特点和展布形式可与邻近的 HH42-2 井和 HH67 进行对比。HH52 井也发育有类似的大套水下分流河道砂体（图 7-13），厚度和规模都较长 9_{13} 小层沉积时期大。

长 9_1^1 小层沉积时期，研究区沉积背景仍以三角洲前缘水下分流河道和水下分流河道间湾为主，但较长 9_1^2 小层而言砂体发育规模较小，并且砂岩厚度较薄，这可能是由于来自南西方向的沉积物输入量减弱。HH67 井以大套灰色泥岩夹薄层灰白色砂岩为特征，为水下分流河道间湾微相；HH42 井、HH42-2 井及 HH52 井发育有厚度较小的水下分流河道砂体，HH42 井发育有三角洲前缘河口坝沉积微相（图 7-13）。

　　总体来说，长 9 油层组沉积时期，此剖面线上三角洲沉积为主，主要发育有三角洲前缘水下分流河道、水下分流河道间湾及河口坝沉积微相，长 9_1^2 小层砂体厚度和规模最大（图 7-13）。

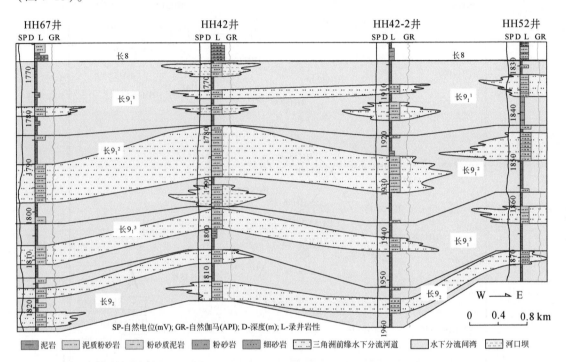

图 7-13　鄂尔多斯盆地镇泾地区长 9 油层组 HH67 井—HH42 井—HH42-2 井—HH52 井
剖面沉积相分析图（AA′剖面）

2. 剖面 BB′

　　此剖面近北西—南东向，过 HH55 井—HH56-2 井—HH69 井—HH20 井，长 9 油层组沉积时期主要沉积了三角洲前缘亚相，发育有水下分流河道和水下分流河道间湾微相（图 7-14）。

　　长 9_1^3 小层沉积时期以北西方位的 HH55 井和 HH56-2 井为代表，主要为三角洲前缘沉积，主要发育水下分流河道和水下分流河道间湾微相；HH69 井和 HH20 井砂体发育较差，砂体厚度较薄，主要发育水下分流河道间湾微相（图 7-14）。

　　长 9_1^2 小层沉积时期水体较浅，物源供给充分，砂体发育且厚度较大，自下而上发育多套砂体，厚度和规模都较长 9_1^3 小层沉积时期大；主要沉积了三角洲前缘亚相，沉积微相类型仍然以水下分流河道和水下分流间湾为主。HH55 井、HH56-2 井和红 HH69 井在本小层内发育一套厚层砂体，推测为主河道的分布区域；HH20 井砂体发育较差（图 7-14），主要为水下分流河道间湾微相。

长 9_1^1 小层沉积时期，研究区仍沉积了三角洲前缘亚相，主要发育水下分流河道和水下分流河道间湾微相，但较长 9_1^2 小层而言砂体发育规模较小，并且砂岩厚度较薄，这可能是由于来自南西方向的沉积物输入量减弱。HH55 井、HH56-2 井和 HH69 井在本小层内发育一套厚层砂体，推测为主河道的分布区域；HH20 井砂体发育较差，主要为水下分流河道间湾微相，局部发育三角洲前缘水下分流河道及河口坝沉积（图 7-14）。

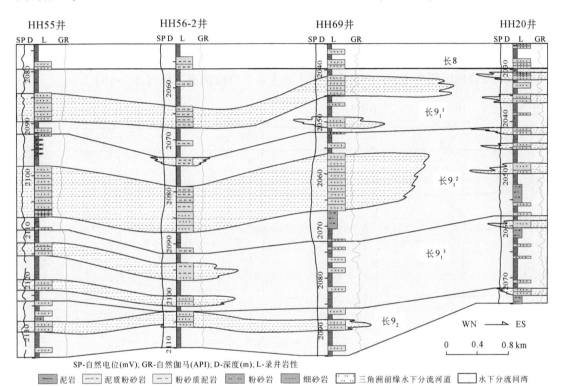

SP-自然电位(mV)；GR-自然伽马(API)；D-深度(m)；L-录井岩性

泥岩　泥质粉砂岩　粉砂质泥岩　粉砂岩　细砂岩　三角洲前缘水下分流河道　水下分流间湾

图 7-14　鄂尔多斯盆地镇泾地区长 9 油层组 HH55 井—HH56-2 井—HH69 井—HH20 井
剖面沉积相分析图（*BB'* 剖面）

总体来说，长 9 油层组沉积时期，此剖面线主要为三角洲沉积，主要发育三角洲前缘水下分流河道及水下分流河道间湾沉积微相，长 9_1^2 小层砂体厚度和规模比长 9_1^1 和长 9_1^3 大。

3. 剖面 *CC'*

此剖面近南西—东北向，过 HH56 井—HH56-1 井—HH55 井—HH53 井—HH42 井—HH51 井，长 9 油层组沉积时期主要沉积了三角洲前缘相，主要为水下分流河道微相、水下分流河道间湾及河口坝沉积微相（图 7-15）。在测井曲线上水下分流河道常表现为钟形、箱形或钟形与漏斗形的复合型的钟形部分。

长 9_1^3 小层沉积时期，HH51 井以厚层深灰色泥岩为主，夹薄层浅灰色细砂岩，以水下分流河道间湾为主，水下分流河道发育较差。HH56 井、HH56-1 井、HH55 井、HH53 井和 HH42 井砂体发育，主要沉积三角洲前缘水下分流河道微相（图 7-15）。

长 9_1^2 小层沉积时期水体较浅，物源供给充分，砂体厚度较大，自下而上发育多套砂体，厚度和规模都较长 9_1^3 小层沉积时期大；主要沉积了三角洲前缘亚相，沉积微相类型仍以水下分流河道和水下分流间湾为主。HH56 井、HH56-1 井、HH55 井、HH53 井、HH42 井和 HH69 井在本小层内发育一套厚层砂体，推测为水下分流河道主河道的分布区域；HH42 井在此小层还发育有三角洲前缘河口坝微相（图 7-15）。

长 9_1^1 小层沉积时期，研究区仍沉积了三角洲前缘水下分流河道和水下分流河道间湾微相，但较长 9_1^2 小层而言砂岩厚度较薄，并且砂体发育规模较小，这可能是由于来自南西方向的沉积物输入量减弱。HH56 井、HH56-1 井和 HH55 井在本小层内发育一套厚层砂体，推测为主河道的分布区域；HH53 井砂体发育较差，主要为水下分流河道间湾微相；HH42 井砂体以河口坝沉积为主，HH51 井砂体主要为水下分流河道沉积（图 7-15）。

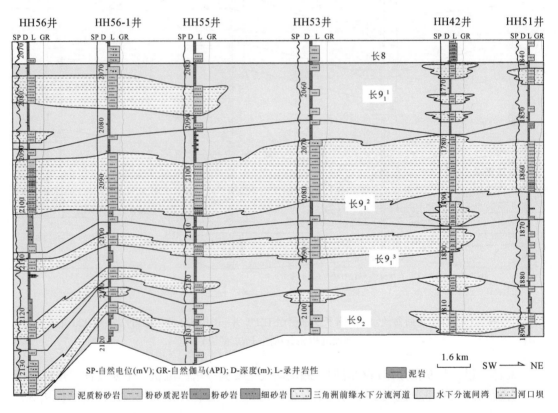

图 7-15　镇泾地区长 9 油层组 HH56 井—HH56-1 井—HH55 井—HH53 井—HH42 井—HH51 井剖面沉积相分析图（CC'剖面）

总体来说，长 9 油层组沉积时期，此剖面线主要为三角洲沉积，发育有三角洲前缘水下分流河道、水下分流河道间湾和河口坝微相，长 9_1^2 小层砂体最为发育，砂体厚度和规模均较大。

7.3.2　沉积体系类型及模式

沉积体系的研究是在大量岩心观察和分析的基础上，对研究层段的岩性特征（如岩石颜色、物质成分、结构、构造、岩石类型及其组合）和测井曲线特征等方面进行的综合分析。本次研究以取心井段岩心观察为基础，综合录、测井资料并结合地震解释资料，对研究区沉积体系进行了系统的研究，长 9 油层组发育了两种沉积体系，即三角洲沉积体系和湖泊沉积体系。

1. 三角洲沉积体系

三角洲是在河流携带大量沉积物流入相对静止的稳定汇水盆地或区域（如湖盆）所形成的岸线不连续的、突出的似三角形砂体，其沉积物的供应速度比由当地盆地作用再分配的速度快。

通常三角洲有一个固定供水系统，并且该供水系统最终形成了一条主干河流，将沉积物供应给湖岸线，不断向湖前积推进。三角洲是在河流作用与湖流作用共同影响和相互作用下所形成的沉积物堆积体系，这个体系可以从陆上一直延续到水下，所以它属于大陆与湖泊之间的过渡型沉积体。

研究区主要发育三角洲前缘沉积，三角洲前缘位于三角洲平原外侧向湖方向，主要分布在滨湖−浅湖区域，沉积作用活跃，平面展布面积较大，垂向砂体发育。其岩性以细砂岩为主，其次还有不等粒砂岩、中细砂岩、泥质砂岩、砂质泥岩及泥岩，砂岩颜色以灰色为主，泥岩以深灰色为主。砂岩沉积构造以交错层理、平行层理为主，可见冲刷面，偶尔含有泥砾，泥砾可见定向排列，也见云母、炭屑等。

根据砂岩含量、与泥岩接触的关系、测井曲线形态，三角洲前缘可进一步划分为水下分流河道、水下分流河道间湾、分支河口坝、远砂坝、席状砂等沉积微相。研究区三角洲前缘亚相可以识别出水下分流河道、水下分流河道间湾和河口坝沉积微相。

水下分流河道：三角洲前缘水下分流河道是长 9 油层组最重要和最发育的骨架砂体，水下分流河道是辫状河三角洲前缘亚相中的分流河道入湖后在水下的延伸部分。岩性以细砂岩为主，含少量的粉砂岩和泥质粉砂岩，砂岩中常发育炭屑层，顺层分布。沉积构造主要为块状层理、平行层理、板状交错层理等指示强水动力环境的沉积构造，分流河道底部常见冲刷面以及泥砾和炭屑层。自然伽马曲线形态常为钟形和箱形等形态，以箱形为主；自然电位曲线多为钟形、微齿的箱形或者箱−钟形，其幅度向上减小，往上细齿增多，齿中向内收敛，底部有突变和渐变两种。由于河流与湖泊相互作用，三角洲前缘分流河道进入滨湖水体中，迅速分叉、展开，且沉积物流速减缓、沉降速度加快。受湖平面升降的控制，水下分流河道向湖延伸或向岸退缩，垂向叠加；同时受波浪的作用，水下分流河道侧向迁移，展布面积加大。

水下分流河道间湾：主要由棕色、暗棕色泥岩组成，包括一些粉砂质泥岩、砂质泥岩，水平层理、生物化石。其通常发育在两个三角洲体或三角洲前缘朵体之间，侧面与分流河道相邻。自然电位曲线平直或微齿状，电阻率曲线微齿状、数值低。

河口坝：河口坝是长 9 油层组发育的另一种骨架砂体，由下向上为明显的反旋回沉积。下部一般为具有波状层理的泥质粉砂岩和泥质细砂岩薄互层沉积为主，砂岩中常含炭屑，向上逐渐变粗，主要为板状交错层理细砂岩、平行层理细砂岩或中砂岩。上部与分流间湾泥岩突变接触。自然电位与自然伽马曲线多为漏斗状等形态。

2. 湖泊沉积体系

研究区湖泊沉积相主要为浅湖亚相类型，浅湖亚相沉积由深灰–灰黑色泥岩组成。浅湖亚相的自然电位曲线呈低幅的指形、钟形、少量箱形组合，偶尔有小的负异常，电阻率曲线为中幅的锯齿状组合。浅湖亚相分布于湖泊的边缘，受湖水进退的影响较大，时而被湖水淹没时而暴露，因此，该相带呈现较强的氧化特征。浅湖相带水动力较弱，波浪作用很少波及岸边，物质供应以泥质为主，砂质沉积物供应较少，具小型波状和波状交错层理、水平层理、块状层理。

7.3.3　沉积体系平面展布特征

沉积体系与沉积相研究表明，来自南西方向的物源体系在长 9 油层组沉积时期继承性发育，但由于不同时期控制凹陷的边界断裂活动规模与强度不同，导致长 9 油层组在区域基准面旋回的变化过程中沉积可容纳空间不断变化，这些物源供给体系建造的沉积体系类型与分布范围也不断改变。同时，由于边界断裂活动时间、活动强度的不均一性，同一时期处于凹陷不同位置的沉积体系类型、沉积相的相互配置关系、沉积特征也有明显差异。

1. 长 9_1^3 小层沉积体系分布

该小层地层厚度总体变化较小，一般分布于 10 ~ 15 m（图 7-16a），砂岩厚度主要分布在 3 ~ 6 m 之间（图 7-16b），砂岩百分比多大于 30%（图 7-16c），岩性以砂泥岩互层为主。

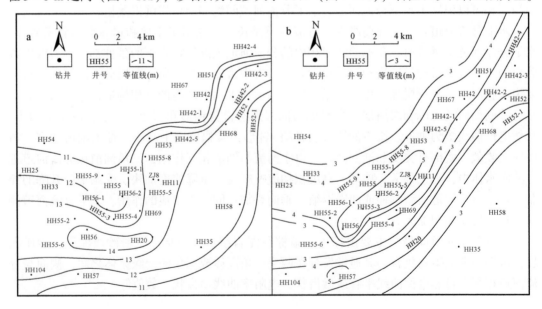

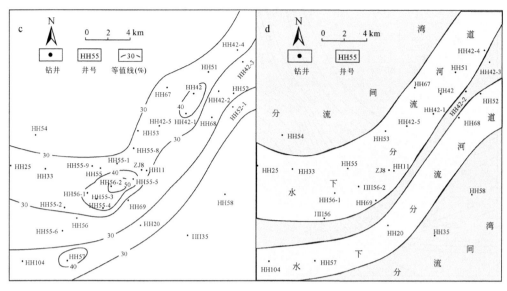

图 7-16　镇泾地区延长组长 9 油层组长 9_1^3 小层地层、砂岩、砂岩百分比等值线图和沉积相展布图

来自南西方向的三角洲体系从南西侧进入研究区，水流方向为北东。该时期三角洲前缘水下分流河道砂体厚度小（图 7-16d），岩性以细砂岩、粉砂岩为主，呈明显向上变细的正旋回。本时期研究区在南北方向上发育有两条主河道，南部的水下分流河道自 HH104井—HH57 井—HH52 井方向流经研究区，北部水下分流河道自 HH25 井—HH55 井—HH53 井—HH42 井—HH51 井方向流过研究区（图 7-16d）。总体来讲，北部的三角洲前缘水下分流河道发育规模大于南部。

2. 长 9_1^2 小层沉积体系分布

该小层地层厚度总体变化较小，一般约 15～22 m（图 7-17a），砂岩厚度主要分布在9～13 m 之间（图 7-17b），砂岩百分比多大于 40%（图 7-17c），该小层砂体较为发育。

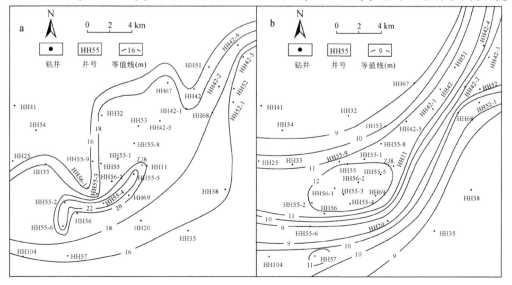

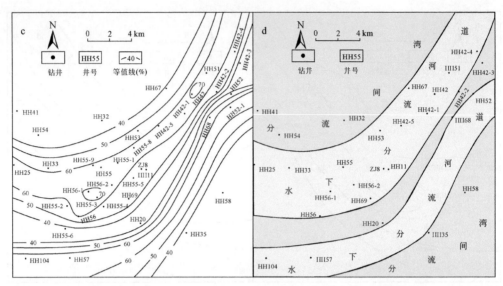

图 7-17　镇泾地区延长组长 9 油层组长 9_1^2 小层地层、砂岩、砂岩百分比等值线图和沉积相展布图

来自南西方向的三角洲体系从南西侧地形进入研究区，水流方向为北东。该时期是三角洲最为活跃的时期，物源补给充分，三角洲前缘水下分流河道砂体发育、厚度大（图 7-17c），岩性以细砂岩、粉砂岩为主，单层厚度可达 8 m 以上，呈明显向上变细的正旋回。本时期研究区在南北方向上发育有两条主河道，南部的水下分流河道自 HH104 井—HH57 井—HH52 井方向流过研究区，北部水下分流河道自 HH25 井—HH55 井—HH53 井—HH42 井—HH51 井方向流过研究区（图 7-17d）。总体来讲，北部水下分流河道规模较北部大，单层厚度一般为 4 ~ 7 m，砂体累积厚度大。

3. 长 9_1^1 小层沉积体系分布

该小层地层厚度总体变化较小，一般约 12 ~ 16 m（图 7-18a），砂岩厚度主要分布在 5 ~ 7 m 之间（图 7-18b），砂岩百分比多大于 40%（图 7-18c），该小层砂岩较为发育。

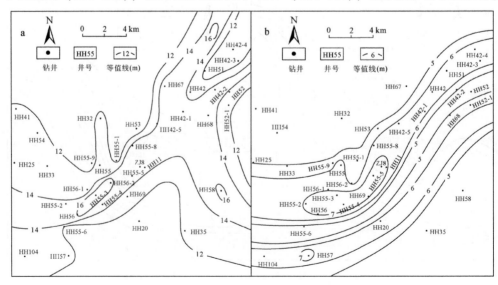

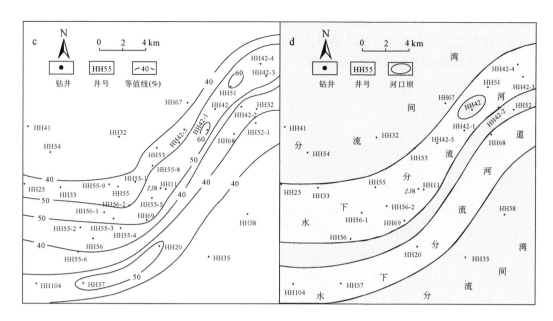

图 7-18　镇泾地区延长组长 9 油层组长 9₁¹ 小层地层、砂岩、砂岩百分比等值线图和沉积相展布图

来自南西方向的三角洲体系从南西侧地形进入研究区，本时期水下分流河道仍然在研究区的南北方向上继承性地发育，北部的水下分流河道发育规模仍然大于南部，南部的水下分流河道自 HH104 井—HH57 井—HH52 井方向流过研究区，北部水下分流河道自 HH25 井—HH55 井—HH53 井—HH42 井—HH51 井方向流经研究区（图 7-18d）。

7.4　有效储层下限

有效储层下限的确定，是直接关系到油田勘探、开发决策的重要问题，如果把下限值定得过高，就会把本来可以开采的石油资源遗漏于地下；若把下限值定得过低，就可能导致在目前技术条件下油井无法达到工业产值，造成资金和时间的浪费。储层的下限也不是一成不变的，这里所指的储层下限是在现有技术条件下得出的，储层的下限是随着经济、技术条件的变化而变化的；其次，储层下限也与地质因素有极大的关系，如孔隙微观结构、孔喉的配置、地层压力、圈闭高度和原油性质。对于相似的储层，可能由于所处圈闭的高度、原油性质及地层压力的差异，含油饱和度不同，最终产油情况有较大的差异。

7.4.1　岩性下限

根据粒度分析资料和含油级别综合统计资料，长 9 储层含油级别以油斑–油浸为主（图 7-19），粉砂岩中含油级别为油斑以上的岩心长度占粉砂岩岩心总长度的 30%，细砂岩和中砂岩中含油级别为油斑以上的岩心长度分别占岩心总长度的 60.6% 和 100%，储层的岩性特征对其岩石的含油性起控制作用，砂岩粒度越大，含油级别也就越高。同时根据研究区试油投产井岩心的岩性统计结果，出油层岩性全部为细砂岩和中砂岩，因此，确定长 9 储层有效储层岩性下限为油斑细砂岩。

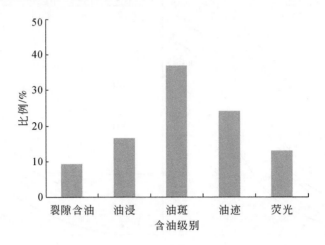

图 7-19　　镇泾地区延长组长 9 储层含油级别分布直方图

7.4.2　物性下限

储层物性下限确定非常复杂，又非常关键，应使用多种方法，从多个方面反映各因素的影响，经过对各种方法的确定结果进行对比分析后最终综合确定，避免因方法单一而在物性下限标准确定时产生较大偏差。在资料允许的情况下，岩心试油和测井资料最好能综合运用，相互验证，才能保证物性下限的合理和正确（焦翠华等，2009）。

1. 含油产状法

岩心是认识地下油层最直接的静态资料，在我国很多低渗透油藏中都发现储层的物性与含油产状有着一定的相关关系，因此，可以用岩心的含油产状来确定有效储层物性下限（曲长伟等，2013）。根据研究区长 9 储层的岩心样品物性分析资料，建立含油产状与孔隙度、渗透率关系图（图 7-20）。含油（油斑、油迹和油浸）的岩心样品的孔隙度绝大部分大于 12.8%，渗透率大于 $0.4×10^{-3}\mu m^2$，因此，确定长 9 储层孔隙度下限为 12.8%，渗透率下限为 $0.4×10^{-3}\mu m^2$（图 7-20）。

2. 驱替压力实验法

低渗透问题的流动规律不满足经典的达西定律，只有在作用压力梯度大于某一临界值时，流体才会流动，这个临界值成为启动压力梯度（郝海燕，2012）。驱替压力实验室条件下压力驱替岩样，研究油气渗流的情况。一般而言，储层渗透性越好，相应的启动压力就会越小，根据实验结果得到启动压力梯度与样品渗透率的统计关系（图 7-21）：

$$P_{启动} = 0.007K^{-2.6812}$$

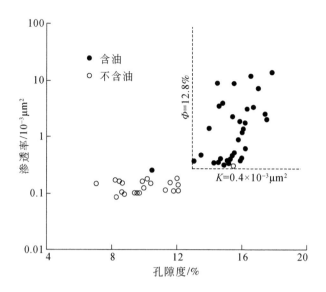

图 7-20　镇泾地区长 9 储层含油产状与孔隙度–渗透率关系图

其中，$P_{启动}$ 为启动压力梯度，MPa/m；K 为渗透率，$10^{-3}\,\mu m^2$。

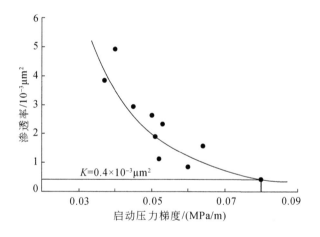

图 7-21　镇泾地区长 9 储层启动压力梯度与渗透率关系图

可以利用这一关系的物理意义，即最大启动压力梯度对应的渗透率值可以作为储层岩石能形成有效流动的渗透率下限值来求取储层物性下限。根据实验结果，长 9 油层组启动压力梯度最大为 0.08 MPa/m，根据上面的拟合关系，得到长 9 油层组渗透率下限为 $0.4 \times 10^{-3}\,\mu m^2$，根据孔渗关系对应求出孔隙度下限值为 12.7%。

3. 分布函数法

分布函数是地质实体最重要的数学特征之一，它通过统计分析得到的分析曲线、特征函数等研究变量的总体分布规律，是一种在地质学特别是油气地质研究中普遍使用的方法（曲长伟等，2013）。分布函数法从统计学角度出发，在同一坐标系内分别绘制有效储层

（包括油层、含油水层和油水同层）与非有效储层（干层）的孔隙度和渗透率频率分布曲线，两条曲线的交点所对应的数值为有效储层的物性下限值（图7-22）。利用分布函数曲线法求取研究区长9储层孔隙度下限为12.5%，渗透率下限为0.5×10^{-3} μm^2（图7-22）。

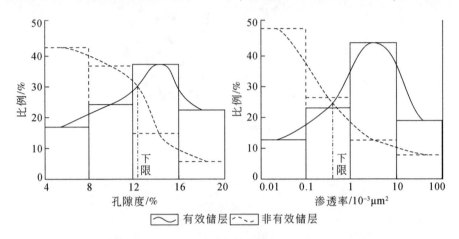

图7-22　镇泾地区长9储层有效储层与非有效储层孔隙度与渗透率分布直方图（曲长伟等，2013）

4. 束缚水饱和度法

前人研究认为束缚水饱和度大于80%的储集层的储集空间主要为微孔隙，储集和渗流流体的能力较差，日产液一般小于1 t，从而将束缚水饱和度为80%时所对应的孔隙度值作为有效储层孔隙度下限。束缚水饱和度法确定储层有效厚度物性下限是建立束缚水饱和度与孔隙度之间的函数关系方程，取束缚水饱和度为80%时所对应的孔隙度值作为有效储层的孔隙度下限值（焦翠华等，2009）。根据长9储层孔隙度与束缚水饱和度实测资料，绘制了孔隙度与束缚水饱和度关系图（图7-23），利用拟合函数方程计算束缚水饱和度为80%时所对应的孔隙度为13.0%，根据孔渗关系对应求出渗透率下限值为0.5×10^{-3} μm^2。

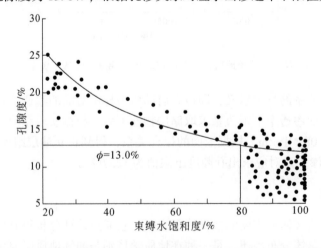

图7-23　镇泾地区延长组长9储层束缚水饱和度与孔隙度关系图

5. 核磁共振法

核磁共振是原子核和磁场之间的相互作用，由于油、水中富含氢核 H，石油勘探开发研究中最常用的原子核是氢核 H。岩样饱和油或水后，由于油或水中的氢核 H 具有核磁矩，核磁矩在外加静磁场中会产生能级分裂，此时如果有适当频率的外加射频场，核磁矩就会发生吸收跃迁，产生核磁共振。通过接收线圈就可以观察核磁共振信号，核磁共振信号强度与被测样品内所含氢核数目成正比。利用此对应关系可得到岩样的可动流体饱和度。国内外研究表明，在低孔渗油田中，可动流体饱和度成为评价储层基质物性优劣和确定产油下限的重要指标之一。

对长 9 油层组共 17 个岩心样品的核磁共振测试分析结果表明，当孔隙度>12.5%且渗透率>0.4×10^{-3} μm^2 时，各样品提供可动流体饱和度均大于 20%，可动流体饱和度大于30%的有 14 个，占 82.35%；可动流体饱和度大于 35%的有 6 个，占 35.29%（表 7-4）。研究表明，可动流体饱和度的界限不应低于 10%，可动流体含量低于该值即无太大的开发潜力，因此，孔隙度>12.5%且渗透率>0.4×10^{-3} μm^2 可作为长 9 油层组储层开采的下限值（曲长伟等，2013）。

表 7-4　鄂尔多斯盆地镇泾地区延长组长 9 油层组核磁共振结果统计表

井号	岩心号	孔隙度/%	渗透率/10^{-3} μm^2	可动流体饱和度/%
HH55	YC20110553	17.75	8.24	32.63
	YC20110553+	17.41	5.61	33.67
	YC20110555	18.78	7.55	35.6
	YC20110554	18.47	10.44	35.64
	YC20110533	18.24	13.33	37.57
	YC20110534	17.79	18.53	39.8
HH55-5	YC20110502	15.84	1.141	23.51
	YC20110508	15.6	0.581	26.78
	YC20110522	17.38	1.573	29.79
	YC20110511	14.77	0.86	30.37
	YC20110510	17.25	1.915	30.71
	YC20110512	17.85	3.85	33.63
	YC20110527	16.64	2.627	33.87
	YC20110526	16.91	3.286	33.97
	YC20110529	15.82	2.344	34.51
	YC20110528	15.83	2.937	37.27
	YC20110503	16.44	4.928	37.95

综合以上实验结果分析，并结合岩心和试油资料分析，确定长 9 有效储层孔隙度下限值为 12.5%，渗透率下限值为 0.4×10^{-3} μm^2。

7.4.3　电性下限

储层的电性标准是实际划分有效储层的操作标准，即测井资料与取心、试油试采资料相结合建立的油、水、干层的判别标准。油田上多采用深感应电阻率和声波时差测井曲线来建立电性下限标准。根据长9储层的试油、测井和取心等资料，建立深感应电阻率与声波时差交会图，并确定有效储层电性下限。从图7-24中看出绝大部分含油（油斑、油迹和油浸）的岩心样品深感应电阻率大于52 Ω·m，声波时差大于230 μs/m，因此确定长9储层电性标准：深感应电阻率下限为52 Ω·m，声波时差下限为230 μs/m。

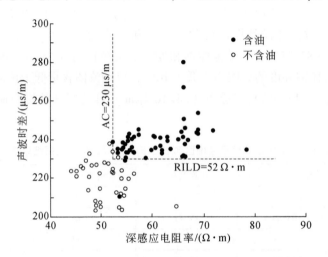

图7-24　镇泾地区长9储层含油产状与深感应电阻率–声波时差关系图（曲长伟等，2013）

7.5　储层分类评价

储层分类评价是储层研究的重要环节，它是对储层整体储集能力好与差的客观、概括性的表达。不同类别的储层，其储集条件和微观孔隙结构不同，导致其含油气性及其内部渗流机制存在差异，因而储层分类评价对油气勘探、开发起着重要的指导作用。目前，储层分类评价方法总的趋势是实现"定性与定量""宏观与微观""一般与具体"三结合，综合分析各参数：①储集物性参数–孔隙度与渗透率；②微观孔隙结构特征参数–压汞测试的孔隙结构特征参数（排驱压力、中值压力、最小非饱和度、中值喉道半径等）；③宏微观的储层沉积相带与岩石学定性、定量参数–沉积微相、砂岩厚度、岩性及填隙物成分。

根据上述三方面的参数，将长9油层组储层划分为Ⅰ、Ⅱ和Ⅲ三种类型，其中Ⅰ类又可进一步划分为Ⅰ₁和Ⅰ₂两类（表7-5）。

表 7-5　鄂尔多斯盆地镇泾地区延长组长 9 油层组储层分类表

评价参数		I 类储层		II 类储层	III 类储层
		I_1	I_2		
物性	孔隙度/%	>15	>15	12.5~15	<12.5
	渗透率/$10^{-3}\mu m^2$	>4	>4	2.4~4	<2.4
孔隙结构特征	平均喉道半径/μm	>1.8	>1.3	0.4~1.3	<0.4
	排驱压力/MPa	<0.1	<0.2	0.2~1.5	>1.5
	分选系数	>2.9	>2.5	1.8~2.5	<1.8
储层沉积特征	孔隙组合类型	原生粒间孔-溶孔型	原生粒间孔-溶孔型	溶蚀孔、微孔型	微孔型
	沉积相	水下分流河道	水下分流河道	水下分流河道、河口坝	水下分流河道及间湾
	岩石类型	岩屑长石砂岩、长石岩屑砂岩	岩屑长石砂岩、长石岩屑砂岩	中细砂岩	粉细砂岩
	黏土矿物类型	孔隙衬里绿泥石、高岭石	孔隙衬里绿泥石、高岭石	绿泥石、伊蒙混层	伊蒙混层、伊利石
	成岩作用类型	溶解作用	溶解作用	溶解作用、胶结作用	压溶压实作用、胶结作用
	压裂试油/t	>10	>10	1~10	<1
电性特征	自然伽马/API	<75	<75	<90	>90
	补偿密度/(g/cm^3)	<2.0	<2.1	<2.55	>2.65
	声波时差/($\mu s/m$)	>245	>240	>230	<230
	感应电阻率/($\Omega \cdot m$)	>60	>58	>53	<53
类型		裂缝性储层	孔隙性储层	孔隙性储层	孔隙性储层
储层评价		好	好	较好	较差

7.5.1　I_1 类储层特征

此类砂岩储层的孔隙度一般大于 15%，渗透率大于 $4\times10^{-3}\mu m^2$，平均喉道半径大于 1.8 μm，排驱压力小于 0.1 MPa，分选系数大于 2.9，最大汞饱和度一般大于 98%。此类储层以 HH42 井为代表，HH42 井主体位于三角洲前缘水下分流河道和河口坝沉积微相中（图 7-7），岩石类型为中细粒岩屑长石砂岩和长石岩屑，杂基含量较少，颗粒分选中等-好，磨圆较好。HH42 井长 9 油层组岩心观察可见有大量高角度裂缝，还发育有网格状裂缝和小型断层，缝间半充填或未充填较为常见，裂缝密度最大可达 0.88 条/m；薄片观察和扫描电镜微观结构观察发现该井发育有大量的微裂缝，溶蚀作用较为发育，存在大量的溶蚀粒间孔、溶蚀粒内孔和铸模孔，且溶蚀粒间孔被微裂缝所连通，有利于油气的运移和富集。

在该井 1779.6～1796.3 m 处进行射孔，未经压裂，其日产液 16.52 t，其中产油 12.92 t/d，产水 3.60 t/d，含水为 21.79%，累积试油产量为 92.1 t。综合以上因素，认为该井储层为裂缝性储层，属于 I_1 类储层，储集性能好。

7.5.2　I_2 类储层特征

此类砂岩储层的孔隙度一般大于 15%，渗透率大于 $4×10^{-3} \mu m^2$，平均喉道半径大于 1.3 μm，排驱压力小于 0.2 MPa，分选系数大于 2.5，最大汞饱和度一般大于 95%，自然伽马一般小于 75 API，补偿密度小于 2.1 g/cm^3，声波时差大于 240 $\mu s/m$，深感应电阻率大于 58 $\Omega \cdot m$。此类储层以 HH55 井为代表，HH55 井主体位于三角洲水下分流河道中，单层砂体厚度大（图 7-8），岩石类型为中细粒长石岩屑砂岩和岩屑长石砂岩，岩屑以火成岩岩屑为主，易溶蚀和形成绿泥石黏土包壳，杂基含量较少，颗粒分选中等，磨圆为次圆–次棱角状。HH55 井长 9 油层组砂岩中含有大量的孔隙衬里绿泥石黏土矿物，降低了压实作用对储层孔隙的缩小，并抑制石英次生加大边的形成，为酸性流体的进入及溶解物质的带出提供了通道，对储层起到了保护作用，从而使原生粒间孔和次生溶孔得以保存，并为溶蚀作用创造了条件。此外钻井取心显示，受沉积作用和破裂作用影响，此类砂岩还发育残余孔隙及微裂隙。含油级别主要为油斑，可见油浸。

HH55 井长 9 油层组砂岩晚成岩阶段的溶蚀作用是改善油层储集物性的关键因素，其发育条件有三：①HH55 井岩石杂基含量少，绿泥石含量较高，有利于原生粒间孔隙的保存，从而为溶蚀流体的流动提供了空间，也有利于溶蚀物质的搬运；②岩石中长石、岩屑等易溶组分含量较多；③酸性流体来源丰富，溶蚀作用强，甚至可以见到石英等难溶物质被溶蚀成港湾状。

在该井 2089.5～2091.5 m 和 2104～2107 m 处进行射孔（图 7-8），其日产液 12.44 t，其中产油 9.89 t/d，产水 2.55 t/d，含水为 20.50%，累积试油产量为 3.9 t。综合以上因素，认为该井为 I_2 类储层，储集性能好。

7.5.3　II 类储层特征

此类砂岩储层的孔隙度一般为 12.5%～15%，渗透率一般为 $2.4×10^{-3}～4×10^{-3} \mu m^2$，平均喉道半径为 0.4～1.3 μm，排驱压力为 0.2～1.5 MPa，分选系数为 1.8～2.5，最大汞饱和度一般大于 90%，自然伽马小于 90 API，补偿密度小于 2.55 g/cm^3，声波时差大于 230 $\mu s/m$，深感应电阻率大于 53 $\Omega \cdot m$。此类储层以 HH42-5 井为代表，HH42-5 井主体位于三角洲前缘水下分流河道和河口坝砂体中，单层砂体厚度小，以中细砂岩为主，粒度较粗，保存下来的孔大喉粗，并易于遭受晚期溶蚀，因而储层中发育的各类次生溶孔、溶缝较多；但由于此类砂岩溶蚀作用的强度具有较强的不均一性，孔隙连通性一般，因此储层物性一般。此外，该类储层砂岩中以泥质、钙质和硅质胶结为主，胶结作用使孔隙度降低，孔隙空间缩小，破坏岩石的储集性能。显微镜下可见绿泥石黏土包壳，扫描电镜下可见高岭石和伊蒙混层等自生黏土胶结物，呈丝状阻塞喉道，对储层物性起破坏作用。此类储集层经压裂改造后，单井原油日产量为 1 ~ 10 t，评价为较好储层。

在该井 2091 ~ 2093 m 处进行射孔，其日产液 5.46 t，其中产油 3.51 t/d，产水 1.95 t/d，含水为 35.71%，累积试油产量为 0.697 t，产水量为 89.05 t。综合以上因素，认为该井为 II 类储层，储集性能较好。

7.5.4　III 类储层特征

此类储层砂岩的孔隙度一般低于 12.5%，渗透率小于 $2.4 \times 10^{-3} \mu m^2$，平均喉道半径小于 0.4 μm，排驱压力大于 1.5 MPa，分选系数小于 1.8，最大汞饱和度一般低于 90%，自然伽马大于 90 API，补偿密度大于 2.55 g/cm³，声波时差小于 230 μs/m，深感应电阻率小于 53 Ω·m。此类储层以 HH54 井为代表，HH54 井砂岩分布于三角洲前缘水下分流河道间湾砂体中，储集空间以填隙物内微孔隙和部分粒间微孔为主，局部发育溶蚀长石粒内孔隙，孔隙分布不均匀，连通性差。此类砂岩以泥质、钙质和硅质胶结为主，扫描电镜下可见较多的伊蒙混层和伊利石，其中丝状伊蒙混层和毛发状伊利石可分隔孔喉，片状伊蒙混层和片状伊利石则填积孔隙、分隔孔隙喉道、堵塞储集层；且由于伊利石易于水化膨胀、分散运移，增大束缚水饱和度，因此这些自生胶结物的存在可使储层物性变差。此外，压实压溶作用对该类储层的物性影响较大，随着压实作用的增强，岩石变得致密，颗粒间点-线接触，岩石的孔隙度、渗透率逐渐减小。此类储集层经压裂改造后，单井原油日产量低于 1 t 或只有油花。

HH54 井 2175 ~ 2177 m 和 2178 ~ 2180 m 处射孔，试油显示产量分别为 0 t 和 0.02 t，此类储层为较差储层。

7.6　有利储层发育区预测

按照研究区油田成藏条件及制约因素，我们以沉积相、储层砂体厚度、储层岩石类型及展布相为基础，以孔隙度、渗透率等值线为背景，结合构造、油井试油及试采成果对该区储层有利区进行优选评价和预测，选出长 6、长 8 和长 9 油层组砂岩勘探有利区。有效储层的发育与否，不仅取决于沉积物沉积之后所经历的成岩作用和构造作用，也取决于沉积物成分和孔隙介质特征，更主要的是是否存在能够使储层沉积并保存下来的沉积环境。

7.6.1　长 6 油层组有利储层发育区

研究发现，储集条件比较好的长 6 砂岩为三角洲平原分流河道砂体，长石、岩屑含量较高，裂缝发育，砂体厚度较大。

按照该区油田成藏条件及制约因素，我们选择以沉积相、储层砂体厚度、储层岩石类型及展布与成岩相为基础，以孔隙度、渗透率等值线为背景（图 7-25，图 7-26），对该区储层有利区进行优选评价和预测，选出长 6 油层组砂岩勘探区有利区（表 7-6，图 7-27），有利区内主要发育长石岩屑砂岩，并含少量的岩屑质石英砂岩，在长 6 沉积时期，虽然沉积微相发生变化，但是大部地区处于水下分流河道，裂缝发育，单层砂体厚度大，孔隙度等于或大于7%，平均为10.32%，渗透率等于或大于0.09×10⁻³ μm²，平均为1.14×10⁻³ μm²，孔隙类型主要为残余粒间孔-次生孔隙。此类有利区总体上为低渗中的相对高渗区，属于最有利储层分布带和前景良好的勘探区。

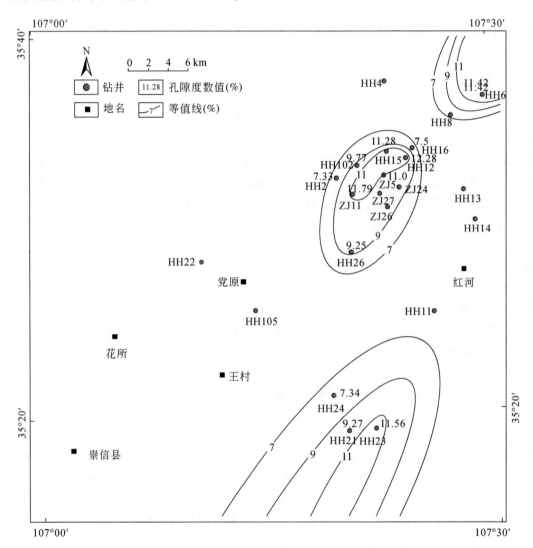

图7-25 鄂尔多斯盆地镇泾地区长6油层组孔隙度平面分布图

表7-6 鄂尔多斯盆地镇泾地区长6油层组储层分类评价表

孔隙度	渗透率	岩石类型	岩石结构	储集空间	沉积微相
>7%	>0.5×10⁻³ μm²	长石岩屑砂岩为主，岩屑质石英砂岩次之	中细粒结构，分选中等-好	残余粒间孔-次生孔隙	水下分流河道

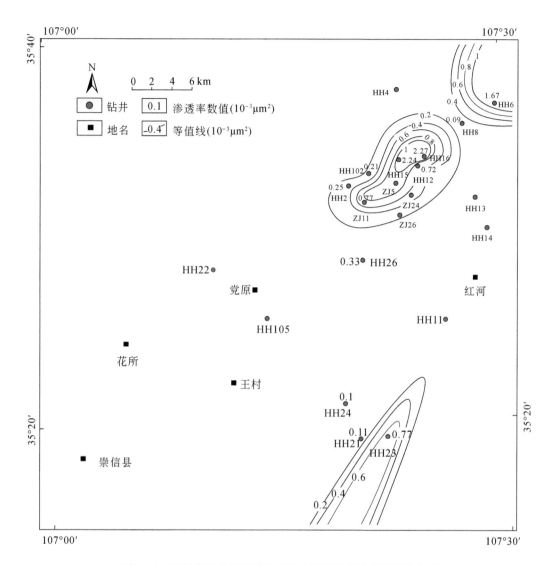

图 7-26　鄂尔多斯盆地镇泾地区长 6 油层组渗透率平面分布图

7.6.2　长 8 油层组有利储层发育区

　　成岩作用对储层物性的影响既有建设性又有破坏性，研究认为孔隙衬里绿泥石和溶蚀作用共同发育的层段是长 8 油层组中最主要的油气储集层段，即绿泥石胶结–长石溶蚀相，其次为绿泥石胶结相和溶蚀相。富含油气的油层均为绿泥石胶结–长石溶蚀相。根据成岩相研究，我们做出了长 8 油层组成岩相平面分布图（图 7-28），绿泥石胶结–长石溶蚀相主要分布在 HH12、ZJ17、HH105、HH21 井区，弱压实–绿泥石胶结相主要分布在HH105—HH6 连线一带，黑云母强机械压实相主要分布在三角洲前缘水下分流河道边缘砂体较薄的部位。

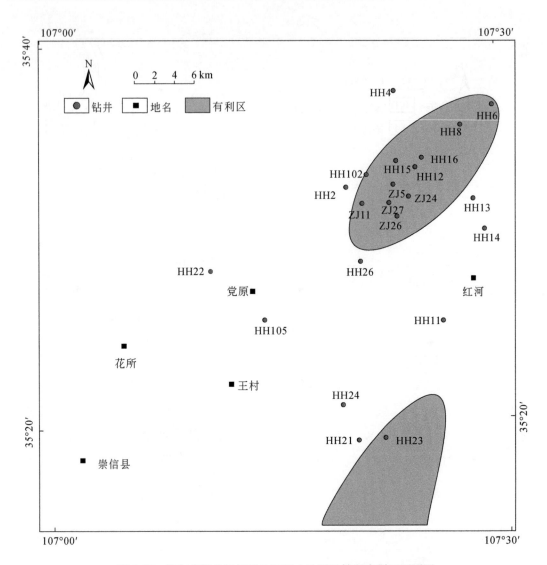

图 7-27　鄂尔多斯盆地镇泾地区长 6 油层组储层有利区预测图

综合长 8 油层组孔隙度和渗透率分析结果，我们做出了镇泾地区长 8 油层组孔隙度和渗透率的平面分布图（图 7-29，图 7-30），图中显示长 8 油层组沿三角洲前缘水下分流河道方向，孔隙度>7%，渗透率>0.1×10^{-3} μm^2。

综合上述研究，我们提出研究区长 8 油层组有利储层发育条件为：①沉积微相类型以三角洲前缘水下分流河道相为主；②岩石类型以长石岩屑砂岩为主；③成岩相以绿泥石胶结–长石溶蚀相和弱压实–绿泥石胶结相为主，胶结物中以孔隙衬里绿泥石为主；④储层物性中孔隙度大于7%，渗透率大于0.1×10^{-3} μm^2；⑤构造裂缝发育（表7-7）。为此我们对研究区长 8 油层组有利储集层段和有利储层发育区进行了预测。

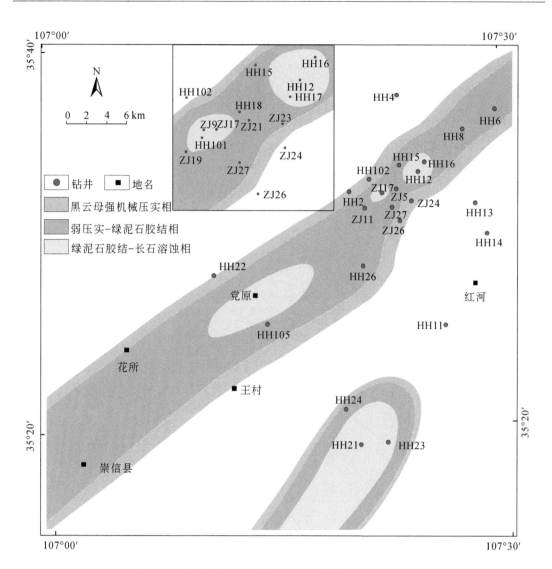

图 7-28 鄂尔多斯盆地镇泾地区长 8 油层组成岩相分布图

表 7-7 鄂尔多斯盆地镇泾地区长 8 油层组储层分类评价表

储层类型	孔隙度	渗透率	黏土矿物类型	岩石类型	储集空间	成岩相
Ⅰ 类	$\phi>8\%$	$K>0.2\times10^{-3}\,\mu m^2$	孔隙衬里绿泥石为主	长石岩屑细砂岩为主	溶蚀粒间孔为主	绿泥石胶结-长石溶蚀相
Ⅱ 类	$7<\phi<8\%$	$0.1\times10^{-3}\,\mu m^2<$ $K<0.2\times10^{-3}\,\mu m^2$	孔隙衬里绿泥石为主，还见其余类型黏土矿物	长石岩屑砂岩为主，岩屑长石砂岩次之	残余原生粒间孔为主	绿泥石胶结相

　　研究表明镇泾地区长 8 油层组在埋深 1800 m（DZ1）、2000 m（DZ2）、2100 m（DZ3）和 2300 m（DZ4）附近存在四个孔渗异常高值带（图 5-25），带内砂岩具有溶蚀粒间孔和

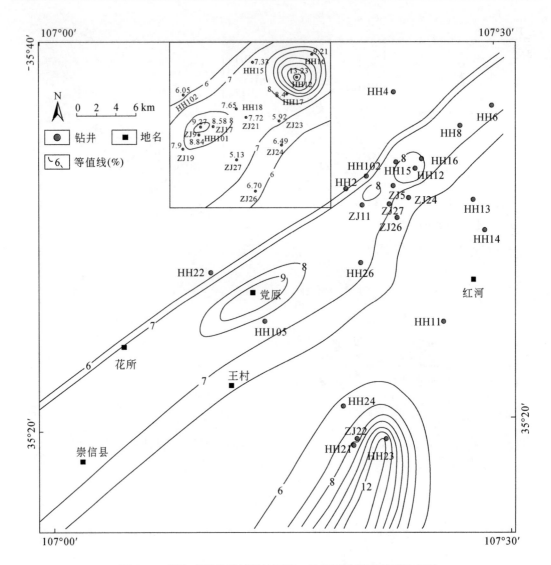

图 7-29　鄂尔多斯盆地镇泾地区长 8 油层组孔隙度平面分布图

粒内孔（特别是特大溶蚀粒间孔和扩大孔）发育、有机烃类充注、自生高岭石和孔隙衬里绿泥石胶结物富集的特点。

综合上述研究成果，我们提出了两个长 8 油层组的有利储层发育区（图 7-31）。Ⅰ类有利区为孔隙度大于 8%，渗透率大于 0.2×10^{-3} μm^2；成岩相为绿泥石胶结–长石溶蚀相；裂缝发育；岩石类型为长石岩屑砂岩。Ⅱ类有利区为孔隙度大于 7%，渗透率大于 0.1×10^{-3} μm^2；成岩相为弱压实–绿泥石胶结相；裂缝较发育；岩石类型为长石岩屑砂岩，含部分岩屑长石砂岩。

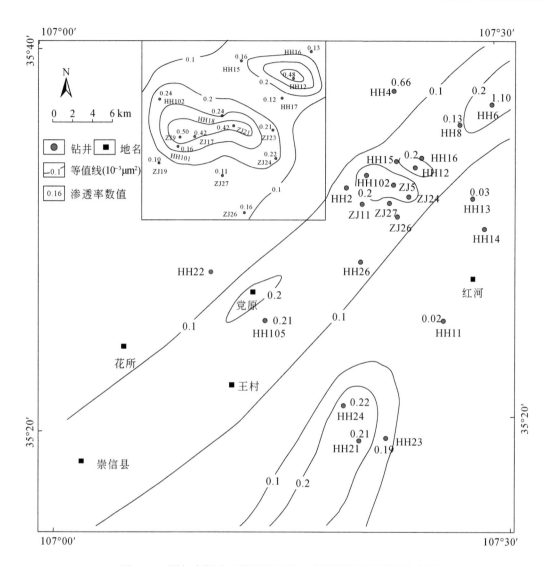

图 7-30　鄂尔多斯盆地镇泾地区长 8 油层组渗透率平面分布图

7.6.3　长 9 油层组有利储层发育区

在长 9 沉积时期，沉积微相未发生很大变化，砂岩主要处于三角洲前缘水下分流河道与河口坝中，发育中细粒岩屑长石砂岩、长石岩屑砂岩，并含少量的长石砂岩，裂缝发育，单层砂体厚度大，孔隙度等于或大于 10%，平均为 13.54%，渗透率主要分布在 $0.5 \times 10^{-3} \sim 5.0 \times 10^{-3}\ \mu m^2$ 之间，平均为 $2.76 \times 10^{-3}\ \mu m^2$。孔隙类型以溶蚀孔型为主，包括粒间溶孔、粒内溶孔和铸模孔。此类有利区总体上为低渗中的相对高渗区，属于最有利储层分布带和前景良好的勘探区。综合前文论述的研究成果，提出了 4 个有利储层发育区（图 7-32）。

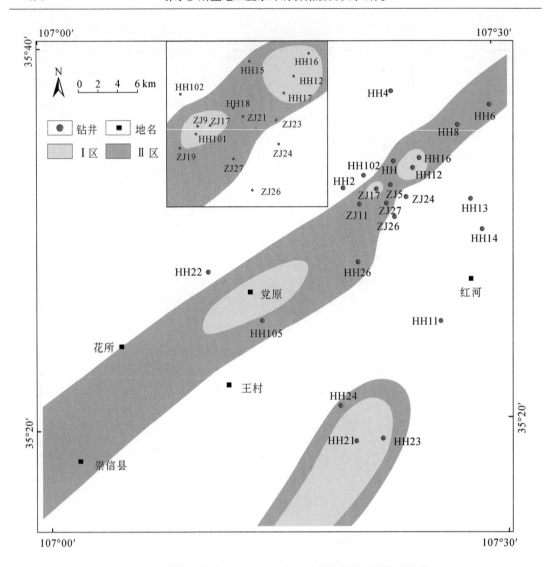

图 7-31　鄂尔多斯盆地镇泾地区长 8 油层组储层有利区预测图

1. HH55 井区

HH55 井区为三角洲前缘水下分流河道微相，处于主河道位置。分流河道受水体的冲刷改造作用时间长，砂体厚度大，砂岩的分选性和磨圆度比较好。砂体剖面形态平行流向呈长条状，垂直流向呈明显透镜状，侧向则变为细粒沉积物。孔隙度大于 14%，渗透率大于 $4.0 \times 10^{-3} \mu m^2$，岩石类型为中细粒岩屑长石砂岩、长石岩屑砂岩，成岩相为绿泥石胶结–长石溶蚀相，为孔隙主要发育区。试油试采成果表明 HH55 井和 HH56 产量较高，油层厚度大。

2. HH42 井区

HH42 井区为三角洲前缘水下分流河道微相，由于水下分流河道长时间受水体的冲刷

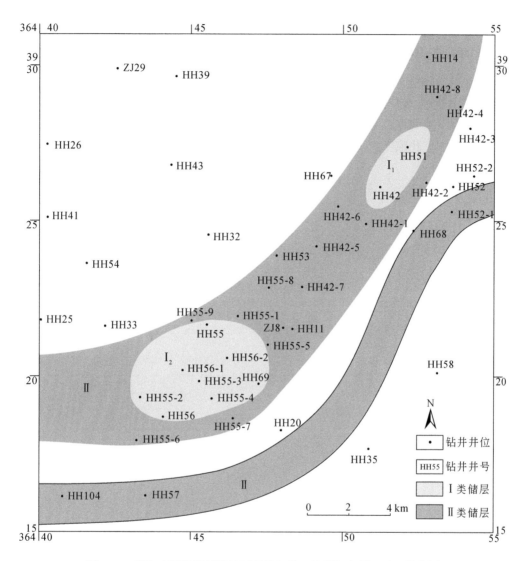

图 7-32　鄂尔多斯盆地镇泾地区延长组长 9 油层组有利区平面分布图

改造，砂体厚度较大，砂岩的分选性和磨圆度比较好。HH42 井区裂缝发育，主要发育裂缝储层，显微镜和扫描电镜微观结构发现该井区微裂缝也异常发育，裂缝的发育极大地改善了储层物性。孔隙度普遍大于 14%，渗透率一般大于 $4.0 \times 10^{-3} \mu m^2$，成岩相为长石溶蚀相，为孔隙主要发育区。试油试采成果表明 HH42 井油层厚度大，产量较高。

3. HH55-2 井–HH51 井区

HH55-2 井–HH51 井区为三角洲前缘水下分流河道微相，砂体厚度大，砂岩粒度粗，砂体抗压实能力相对较强，保存下来的孔隙孔大喉粗，并易于遭受晚期溶蚀，因而储层中发育的各类次生溶孔、溶缝较多，储层物性较好。孔隙度大于 12%，渗透率大于 $2.0 \times 10^{-3} \mu m^2$，岩石类型为中细长石岩屑砂岩和岩屑长石砂岩，成岩相为弱压实–绿泥石胶结相，孔隙较发育。

4. HH104 井–HH52–1 井区

HH104 井–HH52–1 井区为三角洲前缘水下分流河道微相，砂体厚度大，砂岩的分选性和磨圆度比较好。岩石类型主要为中细粒长石岩屑砂岩和岩屑长石砂岩，抗压实能力相对较强，保存下来的孔隙易于遭受晚期溶蚀，因而储层中发育的各类次生溶孔，成岩相主要为长石溶蚀相。孔隙度大于 12%，渗透率大于 $2.2 \times 10^{-3} \mu m^2$，储层物性较好。

参 考 文 献

蔡进功，张枝焕，朱筱敏，谢忠怀，李艳霞，刘洪军，袁东山．2003．东营凹陷烃类充注与储集层化学成岩作用．石油勘探与开发，30（3）：79-83．

曹晶晶．2020．致密砂岩储层构型研究——以广元工农镇须家河组野外露头为例．成都：成都理工大学．

陈欢庆，唐海洋，吴桐，刘天宇，杜宜静．2022．精细油藏描述中的大数据技术及其应用．油气地质与采收率，29（1）：11-20．

邓程文，张霞，林春明，于进，王红，殷勇．2016．长江河口区末次冰期以来沉积物的粒度特征及水动力条件．海洋地质与第四纪地质，36（6）：185-198．

丁晓琪，张哨楠，葛鹏莉，万友利．2010．鄂南延长组绿泥石环边与储集性能关系研究．高校地质学报，16（2）：247-254．

冯增昭．1994．沉积岩石学．2版．北京：石油工业出版社．

高月红，孔鹏，王辉，高芳，李彦录．2011．靖安油田盘古梁东区长62裂缝产状研究．石油化工应用，30（3）：10-13．

郝海燕．2012．特低渗透砂岩储层物性下限确定方法．辽宁化工，41（4）：361-362．

黄思静，谢连文，张萌，武文慧，沈立成，刘洁．2004．中国三叠系陆相砂岩中自生绿泥石的形成机制及其与储层孔隙保存的关系．成都理工大学学报（自然科学版），31（3）：273-281．

纪友亮．2015．油气储层地质学．3版．北京：石油工业出版社，1-394．

贾爱林，郭智，郭建林，闫海军．2021．中国储层地质模型30年．石油学报，42（11）：1506-1515．

焦翠华，夏冬冬，王军，刘磊，盛文波，程培涛．2009．特低渗砂岩储层物性下限确定方法——以永进油田西山窑组储集层为例．石油与天然气地质，30（3）：379-383．

赖锦，王贵文，王书南，郑懿琼，吴恒，张永．2013．碎屑岩储层成岩相研究现状及进展．地球科学进展，28（1）：39-50．

李洪星，陆现彩，边立曾，陈建平．2009．川北矿山梁地区大隆组塔斯马尼亚藻胞囊内黄铁矿莓状体的形成机制及其地质意义．自然科学进展，19（10）：1082-1089．

李让彬，段金宝，潘磊，李红．2021．川东地区中二叠统茅口组白云岩储层成因机理及主控因素．天然气地球科学，32（9）：1347-1357．

李阳，廉培庆，薛兆杰，戴城．2020．大数据及人工智能在油气田开发中的应用现状及展望．中国石油大学学报（自然科学版），44（4）：1-11．

林承焰，张宪国，董春梅，任丽华，朱筱敏．2017．地震沉积学及其应用实例．青岛：中国石油大学出版社．

林春明．2019．沉积岩石学．北京：科学出版社，1-399．

林春明，张霞．2018．江浙沿海平原晚第四纪地层沉积与天然气地质学．北京：科学出版社，1-238．

林春明，张霞，潘峰．2009．镇泾油田东部长6和长8储层岩石学特征与储集特征关系研究．科研报告：1-62．

林春明，张霞，潘峰，周健．2010．镇泾油田东部长8储层岩石学特征与储集特征关系研究．科研报告：1-95．

林春明，张霞，周健，徐深谋，俞昊，陈召佑．2011．鄂尔多斯盆地大牛地气田下石盒子组储层成岩作用特征. 地球科学进展, 26 (2): 212-223.

林春明, 曲长伟, 张霞, 陈顺勇. 2012. 镇泾油田红河 55 井区长 9 油藏储层特征研究. 科研报告: 1-167.

林春明, 张妮, 张霞, 张志萍, 李艳丽, 周健, 岳信东, 姚玉来. 2020. 陆相断陷盆地物源体系和沉积演化——以苏北高邮凹陷为例. 北京: 科学出版社, 1-197.

林春明, 张霞, 赵雪培, 李鑫, 黄舒雅, 江凯禧. 2021. 沉积岩石学的室内研究方法综述. 古地理学报, 23 (2): 223-244.

林春明, 黄舒雅, 张霞, 江凯禧, 夏长发, 张妮. 2023a. 辽河拗陷大民屯凹陷古近系碎屑岩储层沉积学特征. 北京: 科学出版社, 1-178.

林春明, 黄舒雅, 江凯禧, 张霞, 李铁军, 夏长发, 陶欣, 李铁军. 2023b. 辽河拗陷大民屯凹陷古近系沙河街组沙三段沉积相研究. 地质学报, 97 (6): 2002-2025.

刘春, 许强, 施斌, 顾颖凡. 2018. 岩石颗粒与孔隙系统数字图像识别方法及应用. 岩土工程学报, 40 (5): 925-931.

刘林玉, 曹青, 柳益群, 王震亮. 2006. 白马南地区长 81 砂岩成岩作用及其对储层的影响. 地质学报, 80 (5): 712-718.

罗衍灵. 2020. 鄂尔多斯盆地红河油田长 8 油藏天然裂缝特征及其对开发的影响. 石油地质与工程, 34 (3): 52-56.

罗蛰潭. 1986. 油气储集层的孔隙结构. 北京: 科学出版社.

潘峰, 林春明, 李艳丽, 张霞, 周健, 曲长伟, 姚玉来. 2011. 钱塘江南岸 SE2 孔晚第四纪以来沉积物粒度特征及环境演化. 古地理学报, 13 (2): 236-244.

漆滨汶, 林春明, 邱桂强, 李艳丽, 刘惠民, 高永进. 2006. 东营凹陷古近系砂岩透镜体钙质结壳形成机理及其对油气成藏的影响. 古地理学报, 6 (4): 519-530.

漆滨汶, 林春明, 邱桂强, 李艳丽, 刘惠民, 高永进, 茅永强. 2007. 山东省牛庄洼陷古近系沙河街组沙三段中部储集层成岩作用研究. 沉积学报, 5 (1): 99-109.

裘亦楠. 1992. 中国陆相碎屑岩储层沉积学的进展. 沉积学报, 10 (3): 16-24.

曲长伟, 张霞, 林春明, 陈顺勇, 陈召佑. 2013. 镇泾油田长 9 储层四性关系及有效厚度下限研究. 辽宁化工, 42 (2): 131-135.

申本科, 薛大伟, 赵君怡, 申艺迪, 张云霞, 沈琳. 2014. 碳酸盐岩储层常规测井评价方法. 地球物理学进展, 29 (1): 261-270.

田建锋, 陈振林, 凡元芳, 李平平, 宋立军. 2008. 砂岩中自生绿泥石的产状、形成机制及其分布规律. 矿物岩石地球化学通报, 27 (2): 200-205.

王爱, 钟大康, 刘忠群, 王威, 杜红权, 周志恒, 唐自成. 2020. 川东北元坝西地区须三段钙屑致密砂岩储层成岩作用与孔隙演化. 现代地质, 34 (6): 1193-1204.

王儒岳, 丁文龙, 王哲, 李昂, 何建华, 尹帅. 2015. 页岩气储层地球物理测井评价研究现状. 地球物理学进展, 30 (1): 228-241.

徐深谋, 林春明, 王鑫峰, 钟飞翔, 邓已寻, 吕小理, 汤兴旺. 2011. 鄂尔多斯盆地大牛地气田下石盒子组盒 2—3 段储层成岩作用及其对储层物性的影响. 现代地质, 25 (5): 617-624.

徐同台, 王行信, 张有瑜, 赵杏媛, 包于进. 2003. 中国含油气盆地黏土矿物. 北京: 石油工业出版社, 316-336.

杨仁超. 2006. 储层地质学研究新进展. 特种油气藏, 13 (4): 1-5, 16.

姚光庆, 孙永传, 李思田. 1999. 油气储集层地质学研究体系. 石油勘探与开发, 26 (1): 74-77.

于兴河. 2002. 碎屑岩系油气储层沉积学. 北京: 石油工业出版社, 1-352.

曾联波, 郑聪斌. 1999. 陕甘宁盆地延长统区域裂缝的形成及其油气地质意义. 中国区域地质, 18 (4):

391-396.

曾联波, 高春宇, 漆家福, 王永康, 李亮, 屈雪峰. 2008. 鄂尔多斯盆地陇东地区特低渗透砂岩储层裂缝分布规律及其渗流作用. 中国科学 D 辑: 地球科学, 38 (增刊 I): 41-47.

曾庆鲁, 张荣虎, 卢文忠, 王波, 王春阳. 2017. 基于三维激光扫描技术的裂缝发育规律和控制因素研究——以塔里木盆地库车前陆区索罕村露头剖面为例. 天然气地球科学, 28 (3): 397-409.

曾秋生. 1989. 中国现今地壳应力状态. 中国地质科学院地质力学研究所所刊, 12: 197-207.

张昊, 王鹏, 刘东. 2012. 安塞油田重复压裂地应力变化分析. 石油工业技术监督, 28 (8): 10-13.

张泓. 1996. 鄂尔多斯盆地中新生代构造应力场. 华北地质矿产杂志, 11 (1): 87-92.

张吉森, 杨奕华, 王少飞, 帅世敏. 1995. 鄂尔多斯地区奥陶系沉积及其与天然气的关系. 天然气工业, 15 (2): 5-10.

张妮, 林春明, 俞昊, 姚玉来, 周健. 2011. 苏北盆地金湖凹陷腰滩地区阜宁组储层物性特征及其影响因素. 高校地质学报, 17 (2): 260-270.

张妮, 林春明, 俞昊, 张霞. 2015. 下扬子黄桥地区二叠系龙潭组储层特征及成岩演化模式. 地质学刊, 39 (4): 535-542.

张霞, 林春明, 陈召佑, 周健, 潘峰, 俞昊. 2011a. 鄂尔多斯盆地镇泾区块延长组长 8^1 储集层成岩作用特征及其对储集物性的影响. 地质科学, 46 (2): 530-548.

张霞, 林春明, 陈召佑. 2011b. 鄂尔多斯盆地镇泾区块上三叠统延长组砂岩中绿泥石矿物特征. 地质学报, 85 (10): 1659-1671.

张霞, 林春明, 陈召佑, 潘峰, 周健, 俞昊. 2012. 鄂尔多斯盆地镇泾区块上三叠统延长组长 8 油层组砂岩储层特征. 高校地质学报, 18 (2): 328-340.

赵澄林. 1998. 储层沉积学. 北京: 石油工业出版社, 1-102.

赵澄林. 2000. 沉积学原理. 北京: 石油工业出版社, 1-214.

赵向原, 吕文雅, 王策, 朱圣举, 樊建明. 2020. 低渗透砂岩油藏注水诱导裂缝发育的主控因素——以鄂尔多斯盆地安塞油田 W 区长 6 油藏为例. 石油与天然气地质, 43 (3): 586-595.

郑荣才, 柳梅青. 1999. 鄂尔多斯盆地长 6 油层组古盐度研究. 石油与天然气地质, 20 (1): 20-25.

周自立, 吕正谋. 1987. 山东胜利油田第三系碎屑岩的埋藏成岩作用与储层评价. 地球科学, 12 (3): 89-97.

朱筱敏, 杨海军, 潘荣, 李勇, 王贵文, 刘芬. 2017. 库车拗陷克拉苏构造带碎屑岩储层成因机制与发育模式. 北京: 科学出版社, 1-194.

Baker J C, Havord P J, Martin K R, Ghori K A R. 2000. Diagenesis and petrophysics of the Early Permian Moogooloo Sandstone, southern Carnarvon Basin, Western Australia. AAPG Bulletin, 84 (2): 250-265.

Berger A, Gier S, Krois P. 2009. Porosity-preserving chlorite cements in shallow-marine volcaniclastic sandstones: evidence from Cretaceous sandstones of the Sawan gas field, Pakistan. AAPG Bulletin, 93 (5): 595-615.

Billault V, Beaufort D, Baronnet A, Lacharpagne J C. 2003. A nanopetrographic and textural study of grain-coating chlorites in sandstone reservoirs. Clay Minerals, 38 (3): 315-328.

Bloch S, Lander R H, Bonnell L. 2002. Anomalously high porosity and permeability in deeply buried sandstone reservoirs: origin and predictability. AAPG Bulletin, 86 (2): 301-328.

Brothers L A, Engel M H, Elmore R D. 1996. The late diagenetic conversion of pyrite to magnetite by organically complexed ferric iron. Chemical Geology, 130: 1-14.

Ceriani A, Di Giulio A, Goldstein R H, Rossi C. 2002. Diagenesis associated with cooling during burial: an example from Lower Cretaceous reservoir sandstones (Sirt Basin, Libya). AAPG Bulletin, 86 (9): 1573-1591.

Deer W A, Howie R A, Zussman J. 1962. Rock-forming minerals: sheet silicates. London: Longman, 528.

DeRos L F, Anjos S M C, Morad S. 1994. Authigenesis of amphibole and its relationship to the diagenetic evolution of Lower Cretaceous sandstones of the Potiguar rift Basin, northeastern Brazil. Sedimentary Geology, 88 (3-4): 253-266.

Foster M D. 1962. Interpretation of the composition and classification of the chlorites. U. S. Geological Survey, Professional Paper 414-A, 33.

Gould K, Pe-Piper G, Piper D J W. 2010. Relationship of diagenetic chlorite rims to depositional facies in Lower Cretaceous reservoir sandstones of the Scotian Basin. Sedimentology, 57: 587-610.

Grigsby J D. 2001. Origin and growth mechanism of authigenenic chlorite in sandstones of the lower Vicksburg Formation, South Texas. Journal of Sedimentary Research, 71 (1): 27-36.

Hillier S. 1994. Pore-lining chlorites in siliciclastic reservoir sandstones: electron microprobe, SEM and XRD data, and implications for their origin. Clay Minerals, 29: 665-679.

Hillier S, Velde B. 1992. Chlorite interstratified with 7 A mineral: an example from offshore Norway and possible implications for the interpretation of the composition of diagenetic chlorites. Clay Minerals, 27: 475-486.

Jahren J S. 1991. Evidence of ostald ripening related recrystallization of diagenetic chloritic chlorites from reservoir rocks offshore Norway. Clay Minerals, 26: 169-178.

Laid J. 1988. Chlorites: metamorphic petrology. Reviews in Mineralogy, 19: 405-453.

Marchand A M E, Smalley P C, Haszeldine R S, Fallick A E. 2002. Note on the importance of hydrocarbon fill for reservoir quality prediction in sandstones. AAPG Bulletin, 86 (9): 1561-1571.

Needham S J, Wordem R H, Mcilroy D. 2005. Experimental production of clay rims by macrobiotic sediment ingestion and excretion processes. Journal of Sedimentary Research, 75: 1028-1037.

Prints M A, Postma G, Cleveringa J. 2000. Controls on terrigenous sediment supply to the Arabian Sea during the late Quaternary: the Indus Fan. Marine Geology, 169: 327-249.

Remy R R. 1994. Porosity reduction and major controls on diagenesis of Cretaceous-Paleocene volcaniclastic and arkosic sandstone, Middle Park Basin, Colorado. Journal of Sedimentary Research, 64 (4): 797-806.

Reynolds R L. 1990. A polished view of remagnetization. Nature, 345: 579-580.

Ryan P C, Reynolds R C. 1996. The origin and diagenesis of grain-coating serpentine-chlorite in Tuscaloosa Formation sandstone, U. S. Gulf Coast. The American Mineralogist, 81 (1-2): 213-225.

Sahu B K. 1964. Depositional mechanisms from the size analysis of clastic sediments. Journal of Sedimentary Petrology, 34: 73-83.

Salem A M, Morad S, Mato L F, Al-Aasm I S. 2000. Diagenesis and reservoir-quality evolution of fluvial sandstones during progressive burial and uplift: evidence from the Upper Jurassic Boipeba Member, Recôncavo Basin, Northeastern Brazil. AAPG Bulletin, 84 (7): 1015-1040.

Shirozu H. 1978. Developments in sedimentology (Chlorite minerals). New York: Elsevier, 243-246.

Suk D, Peacor D R, Van der Voo. 1990. Replacement of pyrite framboids by magnetite in limestone and implications for palaeomagnetism. Nature, 345: 611-613.

Surdam R C, Crossey L J, Hagen E S, Heasler H P. 1989. Organic-inorganic interaction and sandstone diagenesis. AAPG Bulletin, 73 (1): 1-23.

Visher G S. 1969. Grain size distributions and depositional process. Journal of Sedimentary Petrology, 39: 1074-1106.

Wiewiora A, Weiss Z. 1990. Crystallochemical classifications of phyllosilicates based on the unified system of projection of chemical compositions II: the chlorite group. Clay Minerals, 25: 83-92.

Zhang X, Lin C M, Cai Y F, Qu C W, Chen Z Y. 2012. Pore-lining chlorite cements in lacustrine deltaic sandstones from the Upper Triassic Yanchang Formation, Ordos Basin, China. Journal of Petroleum Geology, 35 (3): 273-290.

Zhang Y, Jia D, Yin H W, Liu M C, Xie W R, Wei G Q, Li Y X. 2016. Remagnetization of lower Silurian black shale and insights into shale gas in the Sichuan Basin, south China. Journal of Geophysical Research: Solid Earth, 121: 491-505.